汉竹主编●亲亲乐读系列

汉竹图书微博

http://weibo.com/hanzhutushu

读者热线

400-010-8811

江苏凤凰科学技术出版社

全国百佳图书出版单位

让宝贝
爱上吃饭

自序
Preface

我和儿子的童年味道

我的日常就是一边忙着发展我的营养餐自媒体事业，一边从事着80后年轻家庭中才会比较常见的职业工种——超级奶爸。当然，是不产奶的那种。

因为自己是一个吃货兼营养师的缘故，我比较喜欢自己在家给儿子做一些原创或者经过自己改良的宝贝营养餐。从他可以吃辅食开始，我就尝试着给他做吃的。其实一周岁之前的辅食制作是蛮枯燥的，什么食材都要磨得碎碎的，也没有味道的追求，纯粹就照着“营养天然易消化”这七字箴言规规矩矩地做，但每次看到宝贝能够开心地吃到舔盘，也让我产生一种无与伦比的自豪感。

随着宝贝渐渐长大，可以吃的食物种类以及可以接受的烹饪方式越来越丰富，留给我们施展厨艺的空间就越来越大，尤其是三周岁之后。渐渐长大的宝贝对每一餐口味和色相的要求也会越来越高，对厨艺的考验亦随之而来。这个时候，一本既能考虑到营养健康，又能顾及快手易学，还能保证色香味俱全的儿童营养餐食谱书，就成为了我们这些年轻的爸爸妈妈梦寐以求的必需品。

这本书收录了不少三周岁以后宝贝的营养餐食谱，东西特色、南北口味，应有尽有。借由此书，希望大家能跟我一起舞铲弄勺、投身厨房，为自己的宝贝能够好好吃饭、健康成长而努力。

“爸爸做的拌饭真好吃”，每次听到宝贝这么讲，我都特别自豪。你也来体验一下吧！

2017.2.15

用美味陪伴宝贝成长

我家的宝贝已经2岁多了，能吃的营养餐越来越丰富。做爸爸的我，已经有满脑子的构想了，但是喂好宝贝，要一步一步来。这里我们以6周岁作为一个分界线，列举一下食谱制作的营养要点。

学龄前阶段

6岁之前的宝贝，我们称为学龄前阶段，学龄前宝贝的膳食结构相对于还在喝奶粉和吃辅食阶段的宝贝来说，已经比较完善，跟成年人比较接近了。

食物的选择与制作

选择新鲜、天然、易消化的食材，食材的安全、卫生和清洁是第一位的。拒绝含糖饮料和脂肪含量过高的食物；更多地采用蒸、煮、炖、煨等烹饪方式，调料不宜过多，培养宝贝清淡口味的饮食习惯；烹饪前将食材切细剁碎，剔除皮、骨、刺、核，更有助于宝贝的咀嚼、吞咽和消化。

奶和水，不能少

在宝贝的成长期间，补钙是关键。每天坚持让宝贝饮用300~400毫升的奶或者补充相当量的奶制品。宝贝的新陈代谢旺盛，对水分需求量很大，准备一个恒温水壶，每天坚持让宝贝多次少量饮用40℃左右的温开水。

选对零食

零食不是不能吃，而是要学会正确吃。尽量选择新鲜、天然、易消化的零食。睡前30分钟不要吃零食，尽量安排在两次正餐之间的时段，而且量不要多。同时要养成吃前洗手，吃后漱口的好习惯。

培养宝贝对食物的兴趣

可以带宝贝去农田里认识不同的粮食、蔬菜或水果，参观种植过程并参与一些采摘活动。增加宝贝的乐趣和见识的同时，也能提高宝贝对食物的热情与兴趣。

学龄阶段

6岁的宝贝开始上学啦，这时候宝贝生长发育迅速，对能量和营养素的需要量相对高于成年人。充足的营养是学龄儿童智力和体格正常发育，乃至一生健康的物质保障。那么，这个阶段作为爸妈的我们要注意些什么呢？

饮食多样化

每餐都要保证足够的蛋白质，同时还要保证钙的摄入量，因此奶类和奶制品必不可少；适量添加含铁丰富的食物如瘦肉、动物肝、绿叶菜等；新鲜的蔬菜、水果，除了能补充维生素C，还能促进铁的吸收和利用。

关于喝的习惯

每天坚持喝奶300毫升左右，补钙的同时，还不能忽视维生素D的摄入，经常到户外运动，多晒晒太阳，坚持多频次少量饮水800毫升以上，少喝或者不喝含糖的饮料。

早餐真的很重要

一顿丰富且合理的早餐要尽量包括以下四类食物：谷类或薯类等主食；鱼虾禽畜肉蛋类的动物蛋白类食物；奶豆类以及奶制品、豆制品类等含钙丰富的植物蛋白类食物；新鲜的水果、蔬菜等富含维生素C、膳食纤维等微量营养素的食物。

饮食习惯和餐桌礼仪

从吃辅食开始，爸爸妈妈就要注意培养宝贝良好的饮食习惯和餐桌礼仪。少给宝贝吃零食、甜食及冷食，以免打乱宝贝的饮食规律。

亲身感受食物制作的乐趣

如果条件允许，可以让宝贝学习一些食物和营养学的相关知识，亲身感受才能更好养成良好的饮食习惯；同时可以让宝贝参与到美食制作的过程中，宝贝会吃得更开心。

超人爸爸的厨房魔法

家里有个小吃货，又正在长身体，做爸爸妈妈的恨不得把自己变成“厨房超人”。作为一个营养师爸爸，我明白，给宝贝做的营养餐营养均衡很重要，但如果能做出味道好、颜值高的营养餐，宝贝自然会爱上吃饭。

营养是第一位

既有颜又有料的才是好东西，爸爸妈妈不能只在意食物的好看与否，营养餐最重要的还是“营养”二字，食材搭配好，宝贝才能获得更好的营养。

做营养餐怎能没有好看的餐具

人靠衣装马靠鞍，选一套高颜值的儿童餐具，为营养餐加分。选儿童餐具时，要选择健康安全不易碎的，婴儿筷子、卡通餐盘……做饭变得有趣了，宝贝吃着也开心，一举两得。

宝贝也喜欢鲜艳的颜色

白嫩的豆腐配上翠绿的蔬菜，白米粥中放些五彩的蔬果做点缀……不要说宝贝了，就连大人看着都垂涎三尺。

也给宝贝找点事做

宝贝对造型比较可爱的食物会比较感兴趣，在做营养餐时，可以根据宝贝的喜好来做食物的造型，比如萌萌的饭团、点心等，造型就让宝贝来负责吧。

给食物添点彩

米饭上撒少许芝麻、三明治上用番茄酱画个笑脸……不仅好看可爱，而且有营养。有的宝贝可能不喜欢吃蔬菜，爸爸妈妈可以把蔬菜切成不同造型，点缀在食材上，像胡萝卜小星星、黄瓜丁、海苔丝等。

真的没有“偏食”宝贝

宝贝不喜欢某样食物，是很自然的现象，不能因为宝贝一时无法接受某样食物，就说宝贝是“偏食”，而撇开宝贝本身的喜好不说，也可能是爸爸妈妈的原因：做的食物样式单一；自己也有“偏食”的习惯等。掌握一些技巧，让宝贝对你做的营养餐爱不释“口”。

多点耐心，让宝贝“练练口”

爸爸妈妈要保持耐心，因为宝贝还没有到“偏食”的时候，食物的形状和软硬程度、吃饭的气氛、宝贝的心情都会影响到宝贝的食欲，只要让宝贝适应食物，爸爸妈妈多变些花样，宝贝偏食的问题总会解决的。

“投其所好”很重要

爸爸妈妈可以把宝贝不爱吃的食物做成宝贝喜欢的模样，像小星星、小动物等，也可以切碎了混进宝贝爱吃的食物中，或者用其他营养成分相近的食材代替也是可以的。

太大太硬的食物不太受欢迎

给宝贝喂食时，可能会出现吃了又吐的情况，这可能是食物太粗糙，宝贝还接受不了芹菜等纤维较粗的蔬菜和肉类。也可能是食物太大太硬，把食物切成小丁，煮软一些再给宝贝吃。

“潜移默化”影响他

父母要给宝贝树立正确的饮食习惯，耐心地解决宝贝的“小情绪”，不要强迫他吃不喜欢的食物，在给宝贝做营养餐时让他参与进来，培养宝贝对于食物的兴趣，感受其中的乐趣。大人对食物的态度也会影响到宝贝，爸爸妈妈吃得香，宝贝食欲也会好哦。

拒绝"重口味"，保持"小清新"

盐过多造成肾脏负担、糖过多容易长龋齿、味精不利于营养吸收……从一开始做营养餐就少盐少糖，不放味精或鸡精，让宝贝习惯清淡的饮食，养成对天然食物的喜好，是给宝贝最可靠的健康护身符了。

天然的"调味品"

增添咸味：海带、海苔、紫菜、虱目鱼等。

增添甜味：苹果、梨、香蕉、南瓜、荸荠等。

增添酸味：番茄、橙子、柠檬等。

增添鲜味：香菇、蟹味菇、金针菇等。

自制虾油

给宝贝吃虾仁时，剥下来的虾头倒入锅里，加植物油没过虾头，放一点葱白和姜片，小火熬煮至植物油变成深红色，捞出虾头不用，就成了虾油，用来炒菜烧汤都很鲜美。

自己做的虾皮"味精"

用虾皮做的健康"味精"，不仅含有丰富的蛋白质和矿物质，味道也是很鲜美的，给宝贝的饭菜里放一些，补钙又提鲜。

要提鲜？选高汤呀

宝贝爱吃粥、面条、馄饨，鲜美的小秘诀就是：高汤。如果没有时间天天煲汤的话，平时煲汤时可以留一些，用保鲜盒分装好冷冻起来，用来给宝贝煮粥、面条或馄饨，制作的时候既方便又美味营养。

这些做饭小技巧，一般人我不告诉他

爸爸妈妈用尽了各种办法，只为哄宝贝能多吃几口，当然，要做出宝贝喜爱的食物并不是非要“十八般厨艺”样样精通才行。

美妙的事物总是吸引人的，食物也一样，纯正的味道自然能让宝贝爱上饭菜，与你分享我平时积累下的点滴技巧，帮助你轻轻松松就能做出一顿迷人的营养餐。

让米饭更好吃的秘密

煮米饭时，在电饭煲里放一小勺植物油，与粳米搅拌均匀，这样煮出来的饭香滑软糯，我家宝贝总说“就算没有菜，我也能吃一大碗米饭”。

煮出宝贝爱吃的面条

大多数宝贝都爱吃面条，煮出好吃的面条也是有小技巧的。烧水时，水开后，在锅里入稍许盐，再下面条，面会熟得更快，而且面条也更柔软。

葱姜是去腥的好东西，但宝贝不爱吃怎么办

大多数的宝贝都不爱吃葱姜，但是葱姜又是去腥提鲜的利器。没关系，葱姜切成丝，吃的时候好挑出，或者把葱姜切成末，放到温水中泡成葱姜水，做菜的时候稍微倒一点就行。

必修课之一——煮鸡蛋

煮鸡蛋这件事，每个人都会做，但不是每个人都能做好。先把鸡蛋放入冷水中泡一会儿，再放入冷水锅中用中火煮沸，蛋壳就不易破。如果宝贝喜欢吃软蛋，水开后煮5分钟就行了。但需要注意的是鸡蛋不要煮得太久，超过10分钟，鸡蛋内部会发生一系列的化学反应，营养价值也会降低。

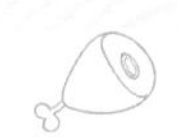

身体棒棒，从吃好早餐开始

老爸的拿手下饭菜

吃肉给我力量

鱼虾里的营养小精灵

抓住你，百变鸡蛋君

和“大力水手”一起吃蔬菜

158

小豆豆，真好吃

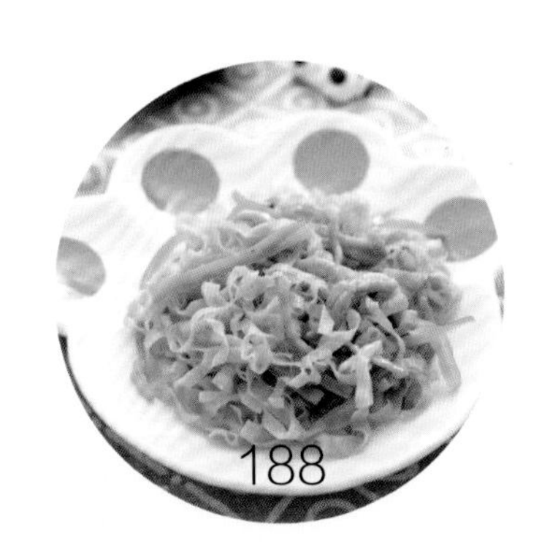

188

哇，我是吃饭小能手

宝贝点，爸爸做

让宝贝
爱上吃饭

身体棒棒，从吃好早餐开始

馄饨还能"喝"哟

三鲜馄饨

开饭啦　距离上桌：20分钟　口味：鲜鲜的，嫩嫩的

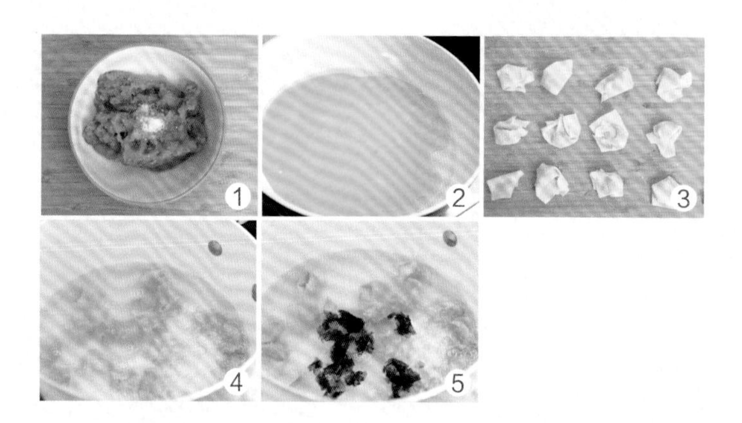

食材与调料

猪肉末30克，馄饨皮100克，虾仁50克，鸡蛋1个

紫菜、鸡汤、盐、芝麻油各适量

开始做饭吧

① 虾仁洗净剁碎，与猪肉末、少许盐拌成馅（见图❶）。

② 鸡蛋加少许盐打散，锅中倒少量油，烧热，倒入鸡蛋液（见图❷）摊成饼，盛出切丝备用。

③ 馄饨皮包入馅，包成馄饨（见图❸）。

④ 鸡汤煮沸，下馄饨煮熟（见图❹）。

⑤ 撒少许盐调味，放入紫菜略煮（见图❺）。

⑥ 将馄饨盛出，撒上鸡蛋丝，淋上少许芝麻油即可。

宝贝一定要吹凉了再吃，心急吃不了"热馄饨"哦。

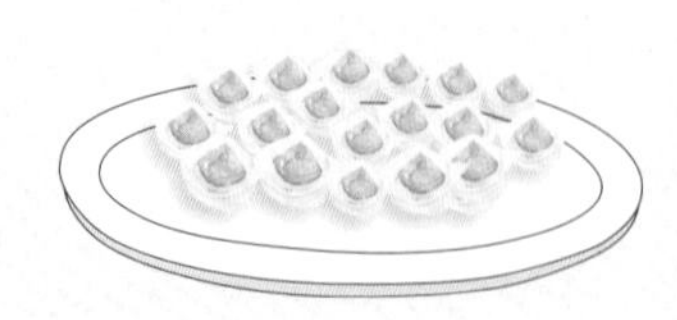

小馄饨面皮透明，害羞如女孩的脸，遇见了水，裙角也变得飞舞透明起来，漂亮的样子宝贝一定喜欢。馅里的虾仁不仅能提鲜，还含着蛋白质、锌、铁……有肉有虾有蛋丝，给宝贝解解馋足够了！

一层一层"叠罗汉"

香煎米饼

开饭啦 **距离上桌：**15分钟 **口味：**香、酥

食材与调料

米饭100克，鸡肉50克，鸡蛋2个

葱花、盐、植物油各适量

开始做饭吧

① 米饭搅散；鸡肉洗净，切末；鸡蛋打匀成鸡蛋液；米饭中加入鸡肉末、鸡蛋液、葱花和少许盐搅拌均匀（见图❶）。

② 炒锅倒入少许植物油摇晃均匀，倒入搅拌好的米饭（见图❷），用锅铲摊平，小火加热至米饼成形（见图❸）。

③ 翻面后继续煎1~2分钟（见图❹），盛出切块即可。

我这热热的"千层蛋糕"宝贝们可还喜欢？

做米饭好简单，那就挑战一下“米饭变装”吧。这拌入了鸡蛋液、肉末和葱花的米饼，香气扑鼻，刚才还赖在床上不想起床的小家伙，闻到这香气立马来了精神。搭配一杯原味豆浆，更美味。

快看，鸡蛋君打了个滚，卷起来了

家常鸡蛋饼

开饭啦 **距离上桌：**10分钟 **口味：**软软的，飘着蛋与葱的香

食材与调料

鸡蛋2个，小葱1棵，面粉适量

盐、植物油各适量

开始做饭吧

① 小葱洗净，切碎，与鸡蛋、面粉、少许盐混合在一起（见图❶），搅拌均匀成面糊。

② 平底锅倒入少许植物油烧热，倒入面糊（见图❷）。

③ 摇晃平底锅，让面糊均匀地铺在锅底（见图❸）。

④ 一面煎金黄后，再把另一面煎金黄（见图❹），从一边卷起，盛出装盘即可。

我怕大火，嫩嫩的口感，满满的蛋白质，宝贝们爱的就是我。

想要把饼煎得黄亮但不焦糊，油烧到三至五成热就可以放面糊了。软乎乎的鸡蛋饼，缀着粒粒葱花，散发出暖暖香气，"小淘气"总爱在动嘴前用小手将饼点一下。

玩时尚的馒头片，穿上了黄金甲

蛋煎馒头片

开饭啦　距离上桌：10分钟　口味：香香脆脆

食材与调料

馒头1个，鸡蛋2个

盐、黑芝麻、植物油各适量

有我陪伴，还有可爱的“小雀斑”，香香脆脆，健康美味。

开始做饭吧

① 馒头切片（见图❶），鸡蛋加少许盐打散成鸡蛋液备用。

② 将馒头片均匀地裹上鸡蛋液，撒上黑芝麻（见图❷）。

③ 锅内倒入少许油，烧热转小火，放入馒头片（见图❸），一面煎黄后，把另一面也煎至金黄即可（见图❹）。

吃够了馒头、面包，只需动点小心思，早餐就会变得不一样。刚出锅的馒头片，还冒着热气，宝贝迫不及待地咬上一口，能听到"嘎吱嘎吱"的声音，宝贝爱吃，心里就无限满足。

番茄加鸡蛋，香香甜甜，好合拍

番茄面疙瘩

开饭啦 距离上桌：15分钟 口味：酸酸甜甜面也香

食材与调料

番茄2个，鸡蛋1个，面粉100克

葱花、盐、植物油各适量

开始做饭吧

① 面粉加水搅拌成面糊；番茄洗净、切成丁备用（见图❶）；鸡蛋打散成鸡蛋液。

② 锅中倒入少量油，烧热，放入番茄丁翻炒至出汁（见图❷）。

③ 锅中加入水，煮沸（见图❸）。

④ 均匀地倒入面糊（见图❹），煮沸后，倒入准备好的鸡蛋液（见图❺），再次煮沸后（见图❻），加少许盐调味即可。

"番茄红素"是我的秘密武器，可以帮宝贝增强抵抗力。

吃到酸酸甜甜的味道，还没睡醒的“小迷糊”眼睛都亮了。但有很多宝贝不喜欢番茄的皮，先在番茄上划个十字刀，再用沸水烫半分钟，轻轻松松剥下皮，虽然皮没有了，但果肉的营养也不差哦。

双味三明治

开饭啦　距离上桌：15分钟　口味：鲜、香、软

食材与调料

吐司4片，午餐肉2片，荷包蛋1个，黄瓜片、生菜、虾仁各适量

盐、白胡椒粉、沙拉酱、千岛酱、植物油各适量

开始做饭吧

① 虾仁用少许盐、白胡椒粉腌制片刻，下热油锅滑炒至熟后（见图❶），盛出切碎；生菜洗净。

② 取1片吐司，铺上一层黄瓜片，将虾仁碎再铺在黄瓜片上，放上荷包蛋，淋上千岛酱（见图❷），再盖上一片吐司，切去吐司边（见图❸），成虾仁三明治（见图❹）。

③ 用同样的方法制作午餐肉三明治。

④ 将虾仁三明治和午餐肉三明治沿对角切开，摆盘即可。

可以生吃的我，一定要洗干净哦。

制作三明治简单、快捷，配合着蔬菜、水果一起吃，营养又健康。鸡蛋中的卵磷脂、午餐肉中的蛋白质、吐司中的碳水化合物，两种美味，多种营养，宝贝也很喜欢。

咦，饼中有"绿色"的小星星

土豆饼

开饭啦　距离上桌：15分钟　口味：香、软

食材与调料

土豆、西蓝花各50克，面粉80克

盐、植物油各适量

开始做饭吧

① 土豆洗净，去皮，切丝；西蓝花洗净，焯烫后，捞出沥水，切碎（见图❶）。

② 将土豆丝、西蓝花碎、面粉、少许盐、适量水放在一起搅匀（见图❷）。

③ 油锅烧热转小火，将搅拌好的面糊倒入煎锅中（见图❸），煎至两面微黄后（见图❹），盛出切块即可。

有土豆丝的香脆，和我的点缀，这绿色的"星空"定能给宝贝惊喜。

对于爱吃土豆的宝贝来说，把土豆煎成薄薄的饼，再挤上番茄酱就更美了。打碎的西蓝花，散落在饼中，就算不爱吃蔬菜的宝贝，也看不出它的本来面目，欢欢喜喜吃进肚。

嚼一嚼，还带着奶香

什锦麦片

开饭啦　距离上桌：15分钟　口味：麦香四溢

食材与调料

核桃仁、葡萄干各15克，即食燕麦片30克，牛奶、杏仁、松子仁、精炼橄榄油各适量

精炼橄榄油适量

开始做饭吧

① 将核桃仁、葡萄干、杏仁、松子仁切碎，混合在一起成坚果碎（见图❶）。

② 锅烧热，放入坚果碎略炒（见图❷），盛出备用。

③ 锅再烧热后，放入即食燕麦片翻炒片刻（见图❸）。

③ 倒入炒好的坚果碎，翻炒均匀（见图❹），倒入牛奶即可。

偷偷告诉你，我有让你变瘦的魔法，胖宝贝可以常吃哟。

纯麦片的味道宝贝不一定会喜欢，加些葡萄干、核桃仁，口味变得更加诱人，而且增加了果糖和优质脂肪酸。稍微一煮，浓浓的麦香，有点嚼头的小颗粒，不缺能量，膳食纤维也有了。

什锦面

开饭啦　距离上桌：15分钟　口味：鲜、香

食材与调料

面条75克，鲜香菇2朵，胡萝卜、豆腐、海带各20克

芝麻油、盐各适量

开始做饭吧

① 鲜香菇、胡萝卜分别洗净切丝；豆腐洗净切条；海带洗净切丝（见图❶）。

② 待水烧开时放入面条煮沸（见图❷），放入香菇丝、胡萝卜丝、豆腐条和海带丝煮熟（见图❸），出锅前加少许盐调味、淋上芝麻油即可（见图❹）。

哈，我是菜中的含碘之王，我可以让宝贝变得更聪明。

细细的海带和软软的面条交织在一起，淋上芝麻油，顺滑适口，"哧溜哧溜"吸进嘴，躲在面条间的香菇丝和胡萝卜丝，还有豆腐丁一同下肚。一碗热乎乎的什锦面，给宝贝一天温暖的开始。

香菇蛋花粥

开饭啦 距离上桌：20分钟 口味：鲜、香

食材与调料

鲜香菇2朵，鸡蛋1个，粳米30克，虾米适量

盐、植物油各适量

有了我，粥已经够鲜了，就不用放味精或者鸡精了。

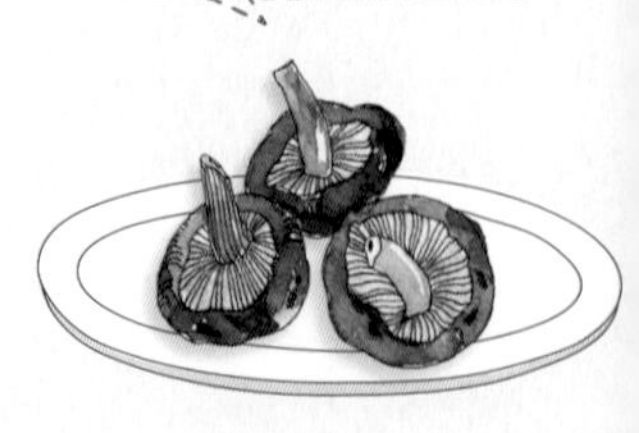

开始做饭吧

① 鲜香菇洗净、切成片（见图❶）；粳米洗净；鸡蛋打散成鸡蛋液备用。

② 锅中倒入少量油，烧热，放入鲜香菇片翻炒至软（见图❷），加虾皮炒匀后（见图❸），倒入粳米，加适量的水，煮至粳米软烂后，倒入鸡蛋液煮开，加少许盐调味即可（见图❹）。

香菇常被叫作“味精菇”，可以把它早点投进锅里，小火慢慢炖，鲜香慢慢溢出，熬出一锅鲜香好粥，根本不用放味精。而且，香菇含有的氨基酸，是营养的搬运工，能促进米饭中的营养输送。

一颗一颗数着吃

什锦饭

开饭啦 距离上桌：30分钟 口味：糯糯的，带着蔬菜的清甜香味

食材与调料

黄瓜半根，胡萝卜半根，草菇2朵，粳米、豌豆各适量

盐适量

开始做饭吧

① 将粳米和豌豆洗净；胡萝卜、黄瓜、草菇分别洗净，切成丁备用。

② 将粳米倒入电饭锅中，加入适量的水，放入胡萝卜丁、豌豆、黄瓜丁、草菇丁、少许盐搅拌均匀，按下煮饭键，煮熟后，搅拌均匀即可。

营养美味，这样搭配

青菜豆腐汤：青菜配上豆腐，清清白白。颗粒分明的什锦饭配上清爽的青菜豆腐汤，养眼又营养，满足宝贝一上午的营养。

营养素

蛋白质
维生素C
碳水化合物
矿物质

闹钟一响，把蔬果切成彩色的丁，和米饭一起下锅，接下来轮到电饭锅变魔法了，半小时后，糯糯的胡萝卜丁，粉粉的豌豆，要有多美味就有多美味，而且，不用炸炒，很健康。

这个比萨还没有长大

吐司小比萨

开饭啦 距离上桌：20分钟 口味：芝士飘香

食材与调料

吐司1片，小番茄1颗，西蓝花、洋葱各适量

马苏里拉芝士15克、比萨酱适量

开始做饭吧

① 小番茄洗净，对半切开；西蓝花洗净，掰成小朵；洋葱洗净，切圈。

② 吐司一面均匀刷上比萨酱，撒上马苏里拉芝士，铺上小番茄、西蓝花朵和洋葱圈，再撒上少许马苏里拉芝士。

③ 烤箱预热至200℃，中层，放入吐司，烤8~10分钟至吐司表面金黄、芝士熔化后取出即可。

营养美味，这样搭配

山药牛奶燕麦粥：干干的吐司，搭配牛奶就是很好的选择，粥中还有山药和燕麦，补充蛋白质，提高宝贝的消化能力。

营养素

蛋白质
膳食纤维
维生素C

一层芝士一层比萨酱，微焦的表面，还有用番茄果粒画的笑脸，宝贝一上桌就看中了这块漂亮的小比萨。咬一口，拉出长长的丝，超过瘾的吃法。让这香香的"芝士"给宝贝力量吧。

亲子共读

为什么要吃早餐

有了色香味俱全的早餐，加上可爱的餐具，就算是赖在床上不想起床的“小懒虫”也会好好吃早饭，爸爸妈妈快快准备好，宝贝已经坐到餐桌前，就等着开饭了。

淀粉类主食

主食每天都会出现在宝贝餐桌上，全麦面包、三明治、包子、煎饼、面条、粥等，主食中丰富的碳水化合物和B族维生素，让宝贝每天都活力满满。

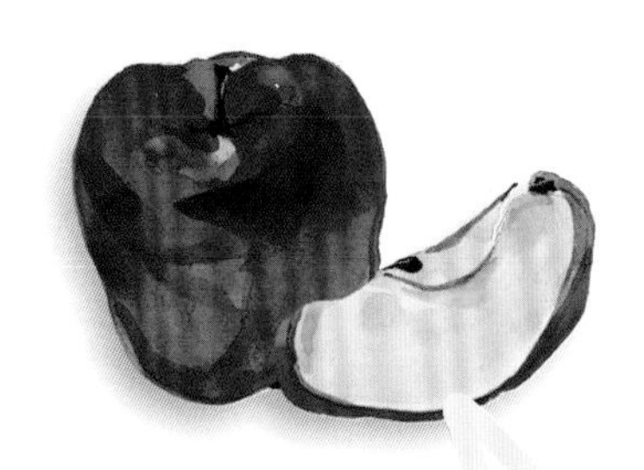

蔬果

新鲜蔬果当然是必不可少的，购买的时候，尽量选用当季的蔬果，给宝贝最新鲜的，补充丰富的维生素、矿物质和膳食纤维。

蛋白质食物

豆类、肉类、鱼类、牛奶都给宝贝提供了优质的蛋白质，早上给宝贝来一杯牛奶或豆浆，帮助宝贝长得高高的，牙齿也变好，吃东西更香呢。

烹调油

菜籽油、花生油、芝麻油、橄榄油……这么多种油，爸爸妈妈换着给宝贝吃，可以让各种脂肪酸的摄入更均衡。

坚果或种子

松子、花生、栗子、核桃、腰果富含优质脂肪酸，但为了让宝贝吃得更安全，爸爸妈妈可以将果仁切碎了或打成末再给宝贝吃。

白开水

起床刷牙之后，早餐之前给宝贝喝一杯白开水，可以帮助宝贝补充水分，清理下肠胃，温度要接近室温，不要太冷或太热哦。

亲子互动

爸爸妈妈早起做早饭好辛苦，宝贝跟他们说一声早上好，献上一个甜甜的吻，爸爸妈妈会立马来精神，早餐叫醒你，早上说爱你。

让宝贝
爱上吃饭
Oven Mitts

老爸的拿手下饭菜

鸡翅偷了菠萝的香

菠萝鸡翅

开饭啦　距离上桌：20分钟　口味：酸中带甜

食材与调料

鸡翅中5个，菠萝半个

高汤、料酒、白糖、盐、植物油各适量

开始做饭吧

① 鸡翅中洗净，沥干水分；菠萝去皮、洗净，切小块备用（见图❶）。

② 锅中倒入少量油，烧热，放入鸡翅中，煎至两面金黄后（见图❷）盛出。

③ 锅内留底油，加少许白糖（见图❸），炒至熔化并转金红色，再倒入鸡翅中，加少许盐、料酒、高汤（见图❹），大火煮开。

④ 加入菠萝块（见图❺），转小火炖至汤汁浓稠即可（见图❻）。

宝贝吃肉不用怕，我的蛋白质分解酵素专门对付不好消化的肉类。

好胃口，身体棒

怕菠萝酸涩？切丁前，让菠萝在盐水中“沐浴”10分钟口感会好很多。这种甜里带点微酸的味道最迷人，酸中带甜，甜中带鲜，味道分明却又和谐，宝贝挑剔的小嘴绝对不会再“嘟嘟”。

彩椒牛肉粒

开饭啦 距离上桌：15分钟 口味：多彩的，好看又美味

食材与调料

牛肉80克，黄彩椒1个，红彩椒1个，青椒1个，冬笋半根

葱花、蚝油、植物油、干淀粉、料酒各适量

开始做饭吧

① 牛肉洗净，切成丁，加干淀粉、料酒腌制片刻；黄彩椒、青椒、红彩椒分别洗净切成丝；冬笋去皮、洗净切成丁备用（见图❶）。

② 锅中倒入少许油，烧热，放入牛肉丁（见图❷），炒至变色后，放入葱花。

③ 待葱花炒香，倒入冬笋丁、彩椒丝、少许蚝油（见图❸）。

④ 翻炒均匀后即可（见图❹）。

快来摸摸我的皮肤，想要和我一样嫩滑的皮肤，赶快吃掉我吧。

五颜六色的条条，很能吸引宝贝的注意，这些花花绿绿的彩椒可不是来“臭美”的，它能增加营养，还能改善牛肉的腥味。干淀粉也能帮忙锁住牛肉中的水分，让肉质更嫩滑。

多福豆腐带

开饭啦　距离上桌：20分钟　口味：外焦里嫩

食材与调料

圆白菜半个，鲜香菇2朵，泡发黑木耳3朵，胡萝卜半根，豆腐1块，韭菜1小把

白胡椒粉、植物油、盐、酱油、葱花各适量

开始做饭吧

① 圆白菜、鲜香菇、胡萝卜、泡发黑木耳分别洗净，切成碎末（见图1），加少许植物油、盐和少许白胡椒粉搅拌均匀成馅；豆腐横切成1厘米左右的长方形厚片备用。

② 锅中放植物油，烧至八成热时，放入豆腐块（见图2），至表面金黄。

③ 韭菜择洗干净，放入沸水中焯后捞出备用（见图3）。

④ 将炸好的豆腐块用勺子掏空，塞满馅（见图4），用韭菜扎紧（见图5）。

⑤ 锅中放少量油，烧热，加少许酱油、水烧开，放入扎好的豆腐块（见图6），烧至汤汁浓稠，撒上葱花即可。

有我来把关，馅想跑都跑不掉。

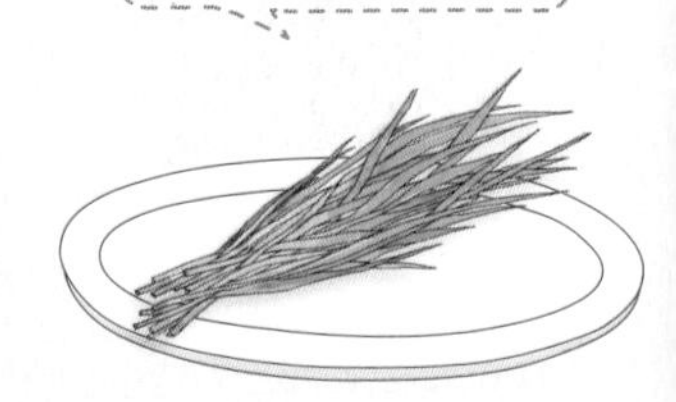

朴实的豆腐经过处理，瞬间变得隆重许多，也吸引了宝贝的注意，内心丰富了，口味更丰富，解开“翡翠腰带”一看，咦，肚子里还有这么多好吃的。

果然"名不虚传"，再来一碗米饭

下饭蒜焖鸡

开饭啦　距离上桌：30分钟　口味：肉香、蒜香交融

食材与调料

鸡块200克，黄甜椒、红甜椒各1个，去皮蒜瓣10个

姜片、料酒、海鲜酱、蚝油、白糖、植物油各适量

开始做饭吧

① 鸡块洗净，用少许蚝油和料酒腌制20分钟；黄甜椒、红甜椒各洗净，切块（见图❶）。

② 锅中倒入少量油，烧热，放入姜片炒香，倒入腌制好的鸡块，小火煸炒至鸡肉出油脂（见图❷），再加入海鲜酱（见图❸），翻炒均匀。

③ 加入蒜瓣煸香（见图❹），加入少量蚝油、白糖、水，翻炒至鸡块上色；再加水没过鸡块，大火烧开，小火收汁。

④ 加甜椒块翻炒片刻即可。

不熟的我"脾气"可能有些冲，但熟透的我会温柔许多。

汆烫鸡块时要凉水下锅，因为水太热，肉质收紧，里面的血水和杂质可能被“锁”住，宝贝会嫌弃这味道的。将鸡肉和彩椒、蒜瓣混炒，浓香扑鼻，那浓浓的汤汁用来拌饭，立刻“饭扫光”。

好好夹，不能让肉松跑掉了

肉松香豆腐

开饭啦　距离上桌：15分钟　口味：满口香

食材与调料

北豆腐1块，蒜3瓣，肉松50克

盐、植物油各适量

开始做饭吧

① 豆腐洗净，切成1厘米左右厚度的方块（见图❶），放入加有少许盐的水中，小火煮2分钟后捞出备用；蒜去皮，切片备用。

② 锅中倒入少量油，烧热，加蒜片煸香（见图❷），转小火，放入煮好的豆腐块，煎至两面金黄（见图❸）。

③ 将肉松均匀地铺在豆腐块上，稍煎一会儿即可出锅（见图❹）。

毛茸茸，香喷喷就是我啦。

敦实憨厚的北豆腐经得起油锅的煎炸，豆腐炸过后沥掉油，剩下一层黄脆的“小袄”，再戴上毛茸茸的“肉松”帽子，被香气吸引的宝贝恨不得直接上手来拿了。

连鸡皮都能吃光光

黑椒鸡腿

开饭啦　距离上桌：20分钟　口味：香酥

食材与调料

去骨琵琶腿4个，香菇片、洋葱丁、青椒丁各适量

葱花、姜片、蒜片、黑胡椒粉、生抽、盐各适量

开始做饭吧

① 去骨琵琶腿洗净，用葱花、姜片、蒜片、生抽、少许盐腌制15分钟（见图❶）。

② 将去骨琵琶腿表面水分擦干，鸡皮向下放入无油热锅（见图❷），小火煎至金黄色，翻面再煎至金黄，加入少许黑胡椒粉，利用鸡油炒香。

③ 加适量的水（见图❸），大火烧开，中火炖煮（见图❹）。

④ 放入香菇片、洋葱丁、青椒丁（见图❺）炒匀，收汁关火（见图❻），鸡腿盛出切条即可。

满满的赘肉，我都站不稳了，宝贝快扶我起来。

好胃口，身体棒
鸡皮遇到热锅可能会缩起来，在煎之前先用刀划几刀或者用叉子叉几个孔，可以更好入味。葱花、姜片、黑胡椒粉、蒜片可以改善鸡腿的肉腥，而且，没有骨头的鸡腿，大口吃，更过瘾。

找一找，怎么没有鱼呢

鱼香肉丝

开饭啦　距离上桌：15分钟　口味：酱香浓郁

食材与调料

冬笋半根，胡萝卜1根，黑木耳3朵，猪里脊肉75克

盐、酱油、醋、白砂糖、干淀粉、料酒、蒜末、姜末、葱花、郫县豆瓣酱、植物油各适量

开始做饭吧

① 提前将猪里脊肉洗净，切成丝，加料酒、干淀粉、少许盐腌制半小时（见图❶）；黑木耳用温水泡发后，撕成丝；冬笋、胡萝卜各洗净，切成丝备用（见图❷）。

② 将少许盐、干淀粉、酱油、白砂糖、醋混合在一起，加适量的凉开水搅拌均匀成鱼香汁。

③ 锅中放少量油，烧热，放入猪里脊肉丝（见图❸），翻炒至变色后滤油盛出备用。

④ 另起油锅，放入蒜末、姜末、葱花煸香（见图❹）。倒入胡萝卜丝、冬笋丝、黑木耳丝翻炒几下（见图❺），加少量的郫县豆瓣酱炒均匀，倒入调配好的鱼香汁，倒入炒好的猪肉丝（见图❻），炒至汤汁浓稠后即可出锅。

我是宝贝肠道的“交通警察”，有了我，不怕“交通阻塞”。

干木耳泡发后放一些面粉或干淀粉一起再泡几分钟，更容易清洗，洗葡萄的时候也可以用同样的方法。这里要提醒爸爸妈妈，郫县豆瓣酱本身有盐，所以做菜时只需要放一点或不放盐都行。

茄汁浓浓，牛腩咬得动

番茄炖牛腩

开饭啦 距离上桌：50分钟 口味：酸甜、软烂

食材与调料

牛腩150克，土豆1个，番茄1个，洋葱1/4个

料酒、盐、酱油、植物油各适量

开始做饭吧

① 牛腩、番茄各洗净，切成块；洋葱、土豆分别去皮，切成丁备用（见图❶）。

② 锅中倒入少量油，烧热，加入土豆丁（见图❷），炒熟，盛出。

③ 再起油锅放入洋葱丁炒香（见图❸），倒入牛腩块（见图❹）。

④ 炒至牛腩块变色后，放入番茄块，炒出汁（见图❺），加少量的盐、料酒、酱油、水炒匀。

⑤ 煮至牛腩块熟烂，汤汁浓稠时，放入炒熟的土豆丁，翻炒均匀即可（见图❻）。

我和牛肉是一家，蛋白质是我们的财富，宝贝，现在分点给你吧。

好胃口，身体棒

牛腩若没煮烂，宝贝吃起来费力又塞牙，爸爸妈妈煮的时候可以放一个山楂、一块橘皮或一点茶叶，牛腩更容易烂。还可以选择用高压锅炖，只要20分钟，宝贝就能吃到软烂的牛腩了。

吃着比肉还带劲

香菇炖面筋

开饭啦　距离上桌：15分钟　口味：鲜香有嚼劲

食材与调料

面筋2个，鲜香菇3朵

盐、植物油、酱油各适量

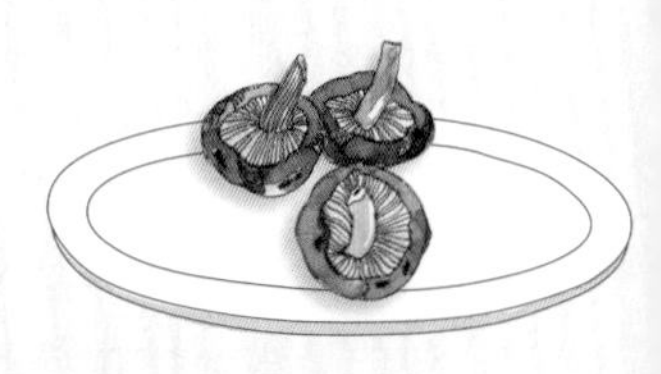

开始做饭吧

① 面筋、鲜香菇各洗净，切成小块备用（见图❶）。

② 锅中倒少量油，烧热，下鲜香菇丁翻炒几下（见图❷），放入面筋块翻炒，加少量的盐、酱油、水炒匀（见图❸），待面筋煮熟后，大火收汁即可（见图❹）。

面筋表面密密的小孔较多，吸饱了香菇鲜鲜的汤汁，炖过后吃起来会有肉的口感。面筋中丰富的胶原蛋白和麦谷蛋白，和肉一起吃，可以提高蛋白质的利用率，营养更全面。

粉粉嫩嫩，香喷喷

爆炒猪肝

开饭啦　距离上桌：15分钟　口味：嫩、香

食材与调料

猪肝100克，青椒1个

盐、葱花、白糖、醋、料酒、干淀粉、植物油各适量

开始做饭吧

① 青椒洗净切块；猪肝洗净切片，用料酒、少许盐、干淀粉腌制（见图❶）；将白糖、醋及剩余的干淀粉调成芡汁。

② 锅中倒少量油，烧热后放入葱花煸香（见图❷），加入腌制好的猪肝片炒几下（见图❸），再放入青椒块，炒熟后倒入芡汁烧至浓稠即可（见图❹）。

经常吃我，可以帮助宝贝预防贫血哦。

好胃口，身体棒

提前将猪肝浸泡1~2小时，可以有效去腥。猪肝中藏着许多铁元素，蛋白质、卵磷脂的含量也不少，它们齐心协力让宝贝变得更聪明，适量吃些肝脏类食物，宝贝的眼睛会像星星一样闪闪亮。

莴笋也穿上了红衣裳

培根卷莴笋

开饭啦 **距离上桌：**20分钟 **口味：**酥脆、清爽

食材与调料

莴笋1根，培根适量

盐、料酒、生抽、白糖、植物油各适量

开始做饭吧

① 莴笋去皮，洗净切条，水锅中加少许植物油和盐，放入莴笋条焯熟；培根切小段，用少许料酒、生抽、白糖腌制片刻。

② 用培根将莴笋条卷起来，用牙签串起，放入预热到200℃的烤箱中烤8分钟即可。

营养美味，这样搭配

大米红豆饭：大白饭的升级版，香香甜甜还带着糯糯的口感，配上外焦里脆的莴笋培根卷，一碗米饭下肚，好满足。

营养素

碳水化合物
蛋白质
B族维生素

第一层是肉，第二层是蔬菜，这样的巧妙搭配，宝贝可喜欢了。莴笋还含有丰富的B族维生素、膳食纤维和钾、钙、磷、铁等矿物质，能促进宝贝的骨骼生长，眼睛也会更明亮。

地三鲜是哪三鲜呢

地三鲜

开饭啦 距离上桌：15分钟 口味：面面的

食材与调料

茄子1个，土豆1个，青椒1个

葱花、蒜末、生抽、料酒、白糖、水淀粉、干淀粉、植物油各适量

开始做饭吧

① 茄子洗净，切成滚刀块，均匀地裹上干淀粉；青椒去蒂、去籽，掰成大块；土豆去皮，切块。

② 将生抽、料酒、白糖和水淀粉调匀成调味汁。

③ 锅中倒少量油，烧热，放入土豆块和茄子块，炒至金黄，捞出控干；放入青椒块，快速炸一下至变色，捞起控干。

④ 锅内留底油，放蒜末煸香，放入土豆块、茄子块和青椒块翻炒，淋入调味汁，翻炒至汤汁浓稠，撒入葱花即可。

营养美味，这样搭配

小白菜锅贴：光有菜，没有主食怎么行，煎得金黄的锅贴，遇见了来自北方的地三鲜，一拍即合，刚好给宝贝凑一桌。

营养素

矿物质
膳食纤维
维生素C

土豆、茄子都透着豪爽劲，这道地三鲜也是东北有名的家常菜。被炸得香软的茄子借点青椒的清香，既下饭又不腻，而且茄子中的维生素P与青椒中的维生素C，能促进宝贝的营养吸收。

亲子共读

酸的甜的，各种好吃的味道

这是谁呀？吃到甜的乐开了花，吃到苦的眉头都窝在一起了，是不是宝贝你呢？尝尝这些不同的味道，说不定会有惊喜。

甜甜的味道

甜甜的味道，可以让人心情愉悦，草莓、樱桃、芒果……吃了还想吃，不过甜甜的东西含糖量都比较高，宝贝要适量吃，不然容易长蛀牙还容易长胖哦。

辣辣的味道

大蒜是辣的，但有杀菌消毒的作用；生姜是辣的，但可以预防感冒；辣椒是辣的，但含有维生素，不过宝贝不能吃太辣的食物，你娇嫩的肠胃还受不了。

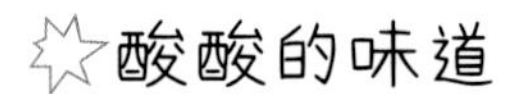

酸酸的味道

想到酸酸的味道，嘴里好像在流口水，柠檬、绿提子，还有平时做饭用的醋……这些酸酸的食物，可以让宝贝胃口大开。

咸咸的味道

咸鸭蛋黄是小时候最爱吃的食物之一，咸咸香香的。平时做菜的时候，撒多了盐，呀，好咸！给宝贝做饭时要注意少放盐或酱油等调料，清清淡淡的营养餐，宝贝吃着更健康。

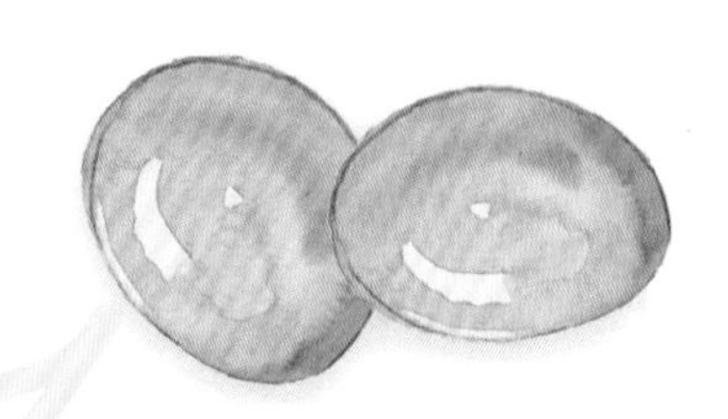

苦苦的味道

宝贝吃到苦的东西，小脸立马就变了，但夏天一到，宝贝会喜欢爸爸妈妈做的苦瓜炒鸡蛋。苦瓜虽苦，但它可以降热去火，还能为宝宝补充水分。

鲜鲜的味道

宝贝知道吗？虾米、扇贝、鸡腿菇等食材都有能让饭菜变鲜的魔法，让爸爸妈妈施展给你看吧。

亲子互动

宝贝最喜欢吃（　　　）味道的食物？最不喜欢吃（　　　）味道的食物？

让宝贝
爱上吃饭

Part 3

吃肉给我力量

我也可以帮妈妈撕鸡肉

美味鸡丝

开饭啦 距离上桌：15分钟 口味：鲜、香

食材与调料

鸡胸肉150克

海鲜酱、白胡椒粉、盐、白糖、植物油各适量

开始做饭吧

① 鸡胸肉切成四块，放入加少许盐的水中煮熟（见图❶），捞出后撕成丝备用。

② 鸡丝中加少许海鲜酱、白糖、白胡椒粉拌匀，腌制片刻（见图❷）。

③ 锅中倒少量油，烧热，倒入腌制好的鸡丝（见图❸），翻炒均匀至炒熟即可（见图❹）。

软软香香好有嚼劲，和白胡椒粉也更配哦。

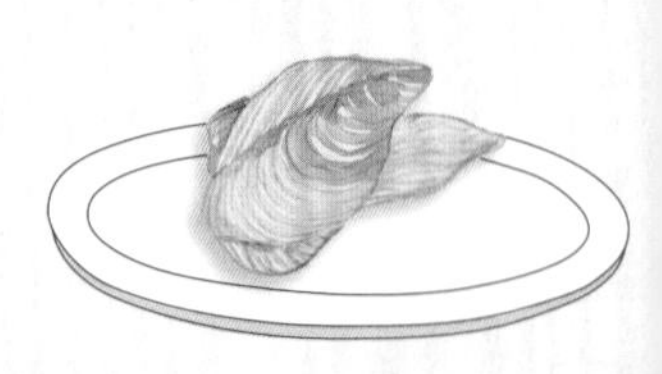

红烧鸡、炖鸡汤……常规的做法，爸爸妈妈也都吃腻了，这次做一道不一样的吧。看到细长的鸡丝，小宝贝总想用手拿着吃。除了蛋白质、维生素A，鸡肉中还含有有利于宝贝生长发育的铁元素呢。

哇，每个洞洞都有肉

藕蒸肉

开饭啦　距离上桌：20分钟　口味：清爽可口

食材与调料

猪肉末100克，莲藕1节

姜水、盐、白胡椒粉各适量

开始做饭吧

① 将莲藕去皮、洗净，切成1厘米左右的厚片（见图❶）。

② 猪肉末中加入适量的姜水、少许盐、白胡椒粉搅拌均匀（见图❷）。

③ 将肉馅塞进莲藕片的孔中，整齐地码在盘中（见图❸）。

④ 锅中加适量的水，将莲藕片连盘子放入蒸锅中，隔水蒸15分钟至熟即可（见图❹）。

白白嫩嫩的我，看着就很凉爽，夏天榨成汁，更清凉。

清清白白的藕夹，泛着亮晶晶的色泽，看着就好滋润。咬一口，藕的清爽伴着肉的浓香，进入口中。炎热的夏季、干燥的秋季，给宝贝做一道藕蒸肉，他会吃得更开心。

一口一个小肉丁

板栗牛肉

开饭啦 **距离上桌**：30分钟 **口味**：香香面面的

食材与调料

牛腱子肉150克，板栗6颗

小葱2根，盐、植物油、料酒各适量

开始做饭吧

① 板栗剥壳，对半切开，牛腱子肉放入加少许料酒和盐的开水中汆烫后捞出，切小块（见图❶），小葱洗净，切段。

② 锅中倒入少许植物油，烧至八成热时倒入板栗，炸至金黄后（见图❷）捞出控油，再放入牛肉块煎至表面金黄，捞出控油（见图❸）。

③ 锅中留底油，放入葱段煸香，加入炸好的牛肉块炒匀（见图❹），加适量水。

④ 烧开后放入炸好的板栗，烧至汤汁浓稠（见图❺），加少许盐调味即可。

宝贝想吃我，先要脱掉我硬硬的盔甲，我的个头有点大，嚼碎了再咽吧。

原本筋道的牛肉经不住小火慢炖，变得温柔了好多，蛋白质、铁……更是牛肉丰富的"内心"，又香又粉的栗子，已经吸足了汤汁，微微的甜，浓浓的香，牛肉和栗子，先吃哪个呢？

绿色的“星星”可以吃呢

秋葵拌鸡丁

开饭啦　距离上桌：15分钟　口味：清淡

食材与调料

鸡胸脯肉150克，秋葵5个，小番茄4颗

柠檬半个，盐、芝麻油各适量

开始做饭吧

① 锅中放适量水，放入鸡胸脯肉，加少量盐（见图❶），煮至鸡胸脯肉熟透，捞出晾凉后，切成小丁。

② 秋葵去掉老根，洗净，再放入加少许盐的沸水中焯烫至熟（见图❷），捞出晾凉后切成段；小番茄洗净，对半切开。

③ 将鸡肉丁、秋葵段、小番茄块放入一个大碗中，挤适量柠檬汁，淋少许芝麻油（见图❸）拌匀即可。

宝贝，秋天就该吃名字里喊着“秋”的我呦。

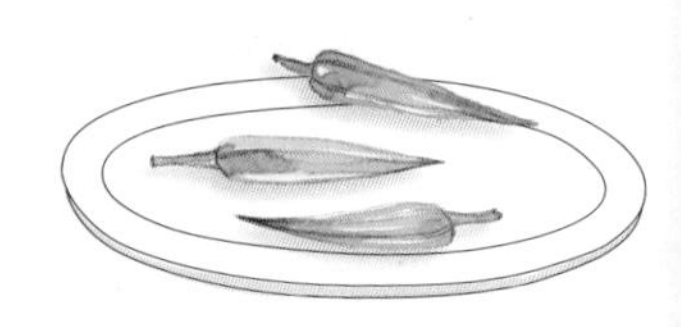

白净的鸡丁、翠绿的“小星星”，还有“冒”出来的一点红，这红配绿可真热闹，一口一个小丁丁，一碗全消灭干净，连同蛋白质、锌、维生素C一起下肚。

嗅一嗅，有麦芽的香气

麦香鸡丁

开饭啦　距离上桌：15分钟　口味：麦香浓郁

食材与调料

鸡胸脯肉150克，燕麦片50克

白胡椒粉、盐、干淀粉、植物油各适量

开始做饭吧

① 鸡胸脯肉用温水洗净，切丁，用少许盐、干淀粉（见图❶），加适量的水搅拌上浆。

② 锅中倒少量油，烧四成熟，放入鸡丁滑炒后（见图❷）捞出；烧六成熟，倒入燕麦片，炸至金黄色（见图❸），捞出沥油。

③ 油锅留底油，倒入炸好的鸡丁、燕麦片翻炒（见图❹），加入少许白胡椒粉、盐调味（见图❺），炒匀即可。

我富含B族维生素，宝贝，我把它介绍给你做朋友吧。

原以为是酥脆的炸麦片，咬上一口才发现，里面还有滑嫩的鸡肉，宝贝，这个创意还不错吧。燕麦片吸去了多余的油脂，让鸡肉吃起来更清爽，肉嫩筋少的鸡胸脯肉，很适合宝贝吃。

地瓜地瓜，我是土豆呀

土豆炖牛肉

开饭啦　距离上桌：50分钟　口味：香糯、软烂

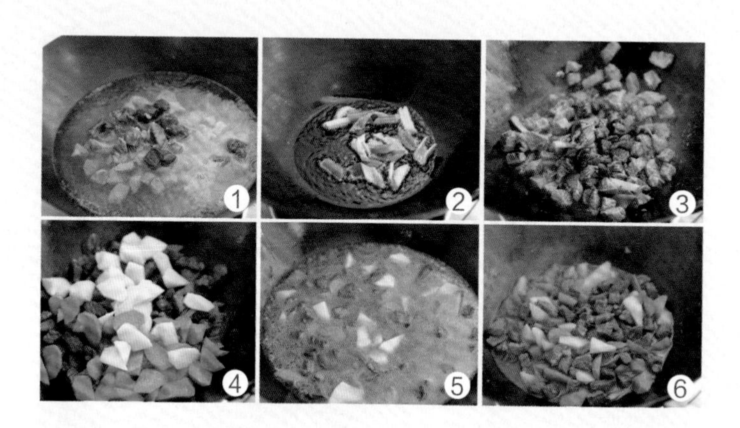

食材与调料

牛肉200克，土豆半个，胡萝卜半个

姜3片，葱花、盐、料酒、老抽、植物油各适量

开始做饭吧

① 牛肉洗净切小块，放入锅中汆烫后（见图❶），捞出沥水；姜片切丝，土豆、胡萝卜分别去皮洗净、切成块备用。

② 锅中倒少量油，烧热，放姜丝煸香（见图❷），倒入牛肉块翻炒，倒入老抽、料酒翻炒至变色（见图❸）。

③ 加入土豆块、胡萝卜块（见图❹），翻炒均匀后，加入适量的开水（见图❺）。

④ 待汤汁浓稠、牛肉块软烂时，加入少许盐调味，撒上葱花即可（见图❻）。

炖得喷香软烂的我，给宝贝能量光波。

牛肉怎么烧才能像土豆一样软烂又不塞牙呢？汆烫时凉水下锅，中间加水时放开水，宝贝吃得容易，才能轻松获取营养。汤汁可不能浪费，用来给宝贝拌饭，可怜锅里的米饭要“遭殃”了。

白白乎乎，有奶香

椰浆炖鸡翅

开饭啦　距离上桌：20分钟　口味：椰香味

食材与调料

土豆1个，鸡翅200克，红甜椒半个，青椒半个

椰浆50毫升，盐、白糖、植物油各适量

开始做饭吧

① 将鸡翅、红甜椒、青椒洗净后切成小块；土豆去皮洗净切小块备用。

② 锅中倒少量油，烧热，放入鸡翅块，用小火煎至金黄（见图❶），控油后盛出，放入土豆块，煎至金黄（见图❷）。

③ 倒入鸡翅块（见图❸），加水、少许盐和白糖，大火烧开，再放入青椒块、红甜椒块，改文火炖5 分钟，出锅前倒入椰浆（见图❹），烧至汤汁浓稠即可（见图❺）。

我也沾了椰浆的光，满身都飘着椰香。

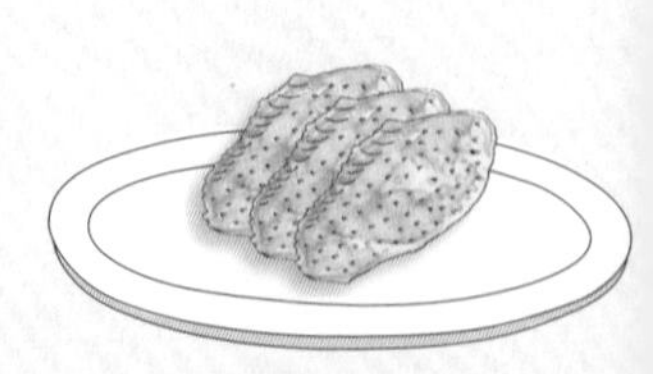

隔着厨房都能闻到椰香，不用喊，"小馋猫"就自己坐到饭桌前，等着开饭了。白白的椰浆营养可不少，蛋白质和碳水化合物的含量都很高，还能让宝贝皮肤变得白白嫩嫩。

口蘑成了最佳"主角"

口蘑肉片

开饭啦　距离上桌：15分钟　口味：鲜、滑

食材与调料

猪瘦肉75克，口蘑5朵

葱花、盐、芝麻油、植物油各适量

开始做饭吧

① 猪瘦肉洗净后切片，加少许盐拌匀；口蘑洗净，切片（见图❶）。

② 锅中倒少量油，烧热，放入猪瘦肉片翻炒（见图❷），再放入口蘑片炒匀（见图❸），加少许盐调味，撒上葱花，最后滴几滴芝麻油炒匀即可（见图❹）。

有了我，这道菜就没有味精和鸡精的立足之地了。

好胃口，身体棒

先吮一口“喝饱”汤汁的口蘑，再挑一块薄薄的肉片，可是满足了我家的“小吃货”。有了口蘑这“味精菇”，稍稍撒点盐，这样的鲜也足以让人“鲜掉眉毛”了，宝贝吃得好欢畅。

换个"战场"，杧果依旧在行

香杧牛柳

开饭啦　距离上桌：20分钟　口味：香甜可口

食材与调料

牛里脊200克，杧果1个，青椒、红甜椒各1个

鸡蛋清1个，盐、白糖、料酒、干淀粉、植物油各适量

开始做饭吧

① 牛里脊洗净切成条，加鸡蛋清、少许盐、料酒、干淀粉腌制10 分钟（见图❶）；青椒、红甜椒各洗净，去籽切条；杧果去皮，取果肉切粗条（见图❷）。

② 锅中倒少量油，烧热，下牛肉条，快速翻炒，加少许白糖煸炒片刻（见图❸），加入青椒条、红甜椒条翻炒（见图❹）。

③ 出锅前放入杧果条（见图❺），拌炒一下即可。

要小心，有的宝贝可能会对我过敏。

只有杧果的味道太单调，那就把它的味道分一点给牛柳吧，清香甘甜，“小馋猫”怎能抵抗得了。而且杧果中含有丰富的β-胡萝卜素和维生素C，加上牛肉所含的蛋白质，这道菜的的营养棒极了。

排骨也孤单，想小米一起玩

小米蒸排骨

开饭啦　距离上桌：35分钟　口味：香糯可口

食材与调料

排骨300克，小米1小碗

料酒、白糖、生抽、蚝油各适量

开始做饭吧

① 提前将排骨洗净，斩块，放入水中浸泡20分钟，除去血水；小米提前浸泡2小时。

② 将浸泡好的排骨块取出，放入一个大碗中，放入少量的料酒、白糖、生抽、蚝油拌匀（见图❶），再加入浸泡好的小米（见图❷），拌匀。

③ 将拌好的小米排骨块，码在一个盘子中，放入蒸锅（见图❸）。

④ 隔水蒸30分钟至熟即可（见图❹）。

小米把我裹得严严实实，但还是藏不住我的香。

有了黄灿灿的小米包裹，排骨好像更嫩更香，宝贝，小心别把肚皮撑胀喽。这有肉有骨的排骨加香香糯糯的小米，一盘就集齐了蛋白质和B族维生素。

豆腐连着肉，多汁好胃口

煎酿豆腐

开饭啦　距离上桌：20分钟　口味：鲜、香

食材与调料

南豆腐200克，猪肉100克，鲜香菇、虾仁各适量

姜末、葱花、生抽、盐、白糖、白胡椒粉、水淀粉各适量

开始做饭吧

① 虾仁洗净切末；鲜香菇洗净切成末；猪肉洗净剁碎，加香菇末、虾仁末、姜末、生抽，以及少许盐、白糖和白胡椒粉拌成馅（见图❶）；南豆腐切长方形，从中间挖长条形坑，填入调好的馅（见图❷）。

② 锅中倒少量油，烧热，盛肉馅豆腐面朝下，煎至金黄色，翻面再接着煎（见图❸）。

③ 加入生抽、白糖、水，小火炖煮2分钟（见图❹），取出豆腐摆盘。

④ 剩余汤汁加水淀粉勾芡，收汁，淋在豆腐块上，撒上葱花即可。

我敦实的小身板中，有满满的多糖、氨基酸和维生素呢。

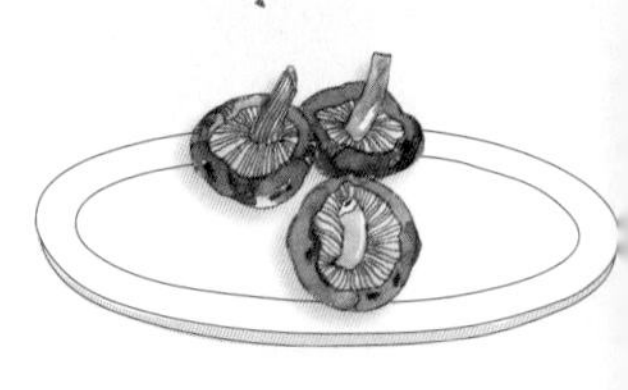

焦黄的外皮、嫩滑的豆腐，蘸上鲜香浓郁的酱汁，完美。在豆腐挖空的部分抹上一层生粉，可以让肉馅和豆腐更好地粘合，如果觉得不好操作就先煎好豆腐，再把蒸熟的肉馅塞进去吧。

鸡蓉干贝

开饭啦　距离上桌：15分钟　口味：软、鲜

食材与调料

鸡胸脯肉50克，干贝30克，鸡蛋1个

高汤、盐、植物油各适量

开始做饭吧

① 干贝处理干净，放入碗中，加清水，入蒸锅蒸10分钟，干贝取出切碎，汤汁备用；鸡胸脯肉洗净，剁成蓉，兑入高汤，打入鸡蛋，用筷子快速搅拌均匀，加入干贝碎末、少许盐拌匀。

② 锅中倒少量油，烧热，将以上材料放入，轻轻地翻炒，待鸡蛋凝结成形时，淋入干贝汤翻炒均匀即可。

营养美味，这样搭配

荷塘小炒：鸡蓉干贝虽然美味但是颜色略单一，配个颜色鲜艳的荷塘小炒，吸睛度立马提高，宝贝的餐桌也立马活跃起来。

营养素

蛋白质
膳食纤维
维生素C

表面松软，完全掩饰不了内心的丰富，"小馋猫"伸出小手捡一颗放到嘴里，还闭着眼认真品尝起来。鸡胸脯肉肉质细腻易消化，很适合宝贝吃，干贝中的蛋白质和碳水化合物也能给宝贝提供能量。

花儿也可以用来炒菜呢

百合炒牛肉

开饭啦　距离上桌：25分钟　口味：鲜

食材与调料

牛肉100克，百合20克，黄甜椒、红甜椒片各适量

盐、酱油、植物油各适量

开始做饭吧

① 百合掰成小瓣，洗净；牛肉洗净，切成薄片放入碗中，用酱油抓匀，腌制20分钟。

② 锅中倒少量油，烧热，倒入牛肉片，大火快炒，马上加入黄甜椒片、红甜椒片、百合，翻炒至牛肉片全部变色，加少许盐调味即可。

营养美味，这样搭配

凉拌豆腐干：有了动物蛋白，再配一些植物蛋白更完美，将两种或两种以上的蛋白质搭配在一起吃，蛋白质的营养价值更高哦。

营养素

蛋白质
钙
维生素C

清脆的百合和甜椒片，咬起来"咔嚓咔嚓"脆，加上稍耐嚼的牛肉片，可以锻炼宝贝的咀嚼能力，彩椒的维生素C、牛肉的蛋白质一起装进碗里，吃一口全下肚。

亲子共读

吃饭时都会有哪些声音

开饭啦！妈妈细嚼慢咽，吃饭几乎没有声音。爸爸就不一样了，呼噜呼噜大口吃，一会儿就吃完，虽然有声音但看他的样子，是不是碗里的饭菜都变得很香的样子。那宝贝吃饭时会发出什么声音？竖起耳朵，仔细听听。

吸溜吸溜

往嘴里吸的时候发出的声音，比如吃面条的时候、喝汤的时候都会发出这样的响声。

咔嚓咔嚓

宝贝吃苹果时，一定听到过这种咔嚓咔嚓声，一般牙齿遇到比较脆的食物时，才会这么欢快地“叫”起来。

咯吱咯吱

宝贝一定喜欢吃可爱的小熊饼干了，当你吃像饼干这些酥脆的食物时，就会听到这声音了。

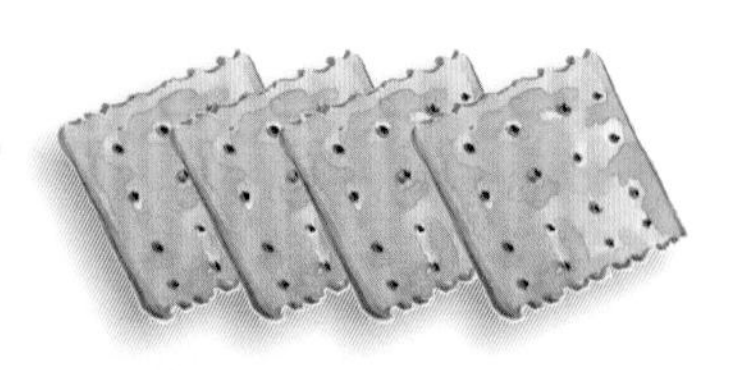

咕噜咕噜

咕噜咕噜，两口水下去了，当水或其他液体从你的嘴巴跑进肚子里时，就是这样“敲门”的，当然咽口水也会发出这种声音。

滋滋

煮得烂烂的仔排，美味多汁，真想下手抓，一边吃肉，一边吮吸，还有鸡翅、大虾……吃着就忍不住发出这声音。

呼呼

汤或粥太烫了，吹凉了再喝吧，呼呼几下，就可以开动了。

亲子互动

1.宝贝，你吃东西时发出了哪些声音？

2.原来吃饭会发出这么多声音呀，宝贝，你认为吃饭时该不该发出声音呢？

让宝贝
爱上吃饭

Part 4

鱼虾里的营养小精灵

茄汁大虾

开饭啦 距离上桌：20分钟 口味：酸甜可口

食材与调料

大虾300克

番茄酱、姜片、盐、白糖、面粉、水淀粉、植物油各适量

开始做饭吧

① 将大虾洗净，剪去虾须与尖角，挑去虾线（见图❶），放入少许盐，抓匀，腌制一会儿，再放入面粉抓匀备用（见图❷）。

② 锅中倒少量油，烧热，放姜片，再放入裹上面粉的大虾，小火炸至金黄，捞出控油（见图❸）。

③ 另起一锅，放少量油，烧热，放入番茄酱、白糖、少许盐、水淀粉和少许水烧成稠汁（见图❹），放入炸好的大虾，翻炒均匀（见图❺）。

④ 待大虾变色后，大火收汁即可（见图❻）。

动一动我灵活的小尾巴，宝贝，你需要的钙就藏在我的身体里。

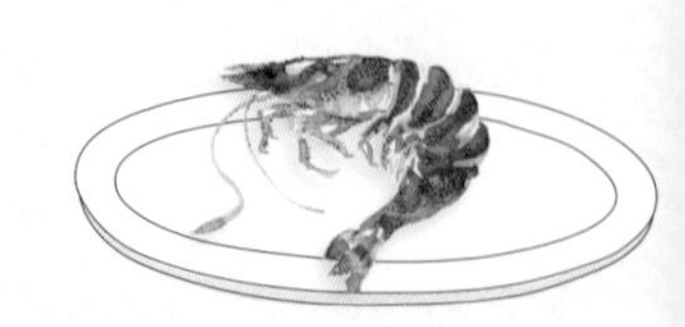

宝贝直接用手抓，先扭一扭，把头去掉，再舔一舔，放到汤汁里面泡一泡，不得不说宝贝已经是个标准的小吃货。油温太低，虾的表面炸得不够酥脆，待油烧至七成热时再放入大虾。

有白胖胖的鱼丸呢

时蔬鱼丸

开饭啦　距离上桌：20分钟　口味：鲜嫩

食材与调料

鱼丸6个，洋葱半个，胡萝卜半根，西蓝花100克

盐、白糖、蚝油、植物油各适量

开始做饭吧

① 洋葱、胡萝卜分别去皮、洗净、切丁；西蓝花洗净、掰成小朵备用（见图❶）。

② 锅中倒少量油，烧热，倒入洋葱丁、胡萝卜丁，翻炒至熟（见图❷），加水烧沸，放入鱼丸（见图❸），煮开后，放入西蓝花朵，煮熟后加少许盐、白糖、蚝油调味即可（见图❹）。

刀叉都不一定能捉住胖乎乎的我，宝贝怕烫，还得把我分成小份吧。

娇憨的鱼丸藏在"花丛"中，就怕宝贝一眼看中它，不巧，宝贝就是认准了滑滑嫩嫩的它。这娇憨的鱼丸营养可一点都不逊色，它含有丰富的蛋白质和氨基酸，胖乎乎的，真惹人爱。

吸溜吸溜，滑倒肚子里喽

虾仁豆腐羹

开饭啦 距离上桌：15分钟 口味：滑、嫩

食材与调料

虾仁4个，豆腐1块，胡萝卜半根，豌豆、高汤各适量

盐、水淀粉、葱花、姜末、植物油各适量

开始做饭吧

① 虾仁洗净，去虾线；豆腐洗净切块；胡萝卜洗净切成丁备用（见图❶）。

② 锅中倒少量油，烧热，煸香葱花、姜末（见图❷），放入虾仁、豌豆、胡萝卜丁翻炒片刻（见图❸）。

③ 放入豆腐块，小心翻动（见图❹），倒入高汤（见图❺），煮开后放少许盐，倒入水淀粉勾薄芡即可。

我被施了魔法，变成了白白胖胖的豆腐，这么嫩滑，确定是我吗？

白嫩嫩的豆腐、嫩滑的虾仁加上圆滚滚的豌豆全都“挤”到一个碗里，这么热闹这么滑，还是用勺子吧。虾仁现剥是最好的，将买回来的活虾放到冰箱里速冻一会儿拿出来，会很容易剥壳。

也会有刺，小心吃

柠檬煎鳕鱼

开饭啦　距离上桌：15分钟　口味：清鲜之味还带着柠檬香

食材与调料

鳕鱼180克(2段)，柠檬2片，鸡蛋1个，干淀粉适量

盐、橄榄油各适量

开始做饭吧

① 鳕鱼清洗干净，擦干表面的水分，挤入少许柠檬汁，放入柠檬片，撒少许盐腌制片刻（见图❶）。

② 取鸡蛋清，打散，将腌制好的鳕鱼均匀地裹上蛋清，再蘸上干淀粉（见图❷）。

③ 锅热后倒入少许橄榄油，再放入裹上干淀粉的鳕鱼（见图❸），一面煎微黄后，再把另一面煎黄即可（见图❹）。

拿起我的魔法棒，变一道汁，鳕鱼吃着更清爽。

铺上餐巾，拿上刀叉来一顿洋气的小西餐吧。煎鳕鱼块时，要裹上干淀粉，煎的时候鱼肉不易散开。口感清爽的鳕鱼，含有丰富的蛋白质，用来制作鱼丸、鱼肉饺子，宝贝也爱吃。

咬开馄饨，找找虾精灵

胡萝卜虾仁馄饨

开饭啦　距离上桌：20分钟　口味：鲜、滑

食材与调料

馄饨皮15个，白萝卜、胡萝卜、虾仁各20克，鸡蛋1个

盐、芝麻油、葱花、植物油各适量

开始做饭吧

① 白萝卜、胡萝卜、虾仁分别洗净，剁碎（见图❶）；鸡蛋打成鸡蛋液。

② 锅中倒少量油，烧热，下入虾仁碎煸炒，再倒入鸡蛋液（见图❷），划散后盛出置凉。

③ 将白萝卜碎、胡萝卜碎、虾仁鸡蛋碎混合，加少许盐和芝麻油，调好馅（见图❸）。

④ 馄饨皮放入馅，包成馄饨（见图❹），煮熟后放入少许盐调味（见图❺），撒上葱花即可。

做成馅的我，已经隐藏得够深了，可透过薄薄的皮还是能看到我。

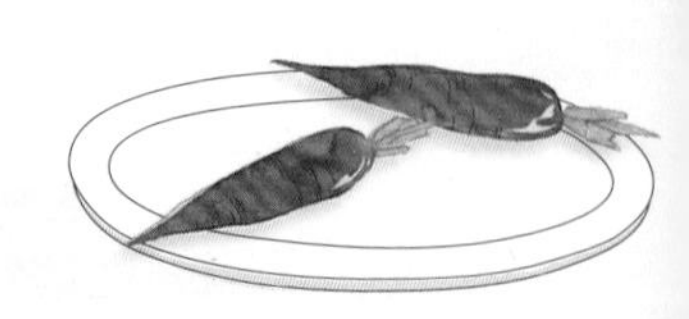

好胃口，身体棒
虾精灵又上桌啦，宝贝快来找找它藏在了哪儿。虾中含有丰富的蛋白质、钙，是宝贝餐桌上的"常客"，有嚼劲的馄饨，缀着星星点点的小葱，嘬一口馄饨，满口鲜香的汤汁，身体好暖和呀！

头上有犄角的蛏子兄

蛏子炖肉

开饭啦　距离上桌：20分钟　口味：酸爽

食材与调料

五花肉50克，北豆腐200克，蛏子100克，酸菜20克

蒜苗段、姜片、葱花、盐、白糖、植物油各适量

开始做饭吧

① 五花肉洗净，切片；北豆腐洗净，切条；酸菜洗净，沥干水后，切成段备用（见图❶）。

② 蛏子洗净，用沸水汆烫（见图❷），捞出沥干；锅中倒少量油，烧热，倒入北豆腐条（见图❸），两面煎黄，盛出备用。

③ 另起油锅，爆香姜片，加入五花肉片翻炒出香味（见图❹），加入水、酸菜段、少许盐、白糖，炖煮15分钟（见图❺）。

④ 加入蒜苗段、北豆腐条、蛏子，略炖煮（见图❻），撒上葱花即可。

打开坚硬的壳，我那柔软的心里装满了蛋白质和矿物质。

好胃口，身体棒
洋气的蛏子，土里土气的酸菜，却是美味好搭档，不用放太多调料，就能换来宝贝不停口地称赞，一会儿就吃一大碗米饭。不仅如此，肉和豆腐里的优质蛋白，也能给宝贝好营养。

银鱼煎蛋饼

开饭啦　距离上桌：15分钟　口味：香、嫩

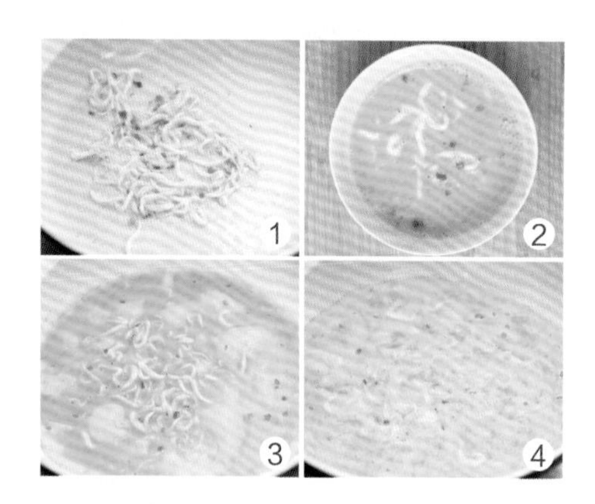

食材与调料

银鱼100克，鸡蛋1个

葱花、姜末、盐、植物油各适量

开始做饭吧

① 鸡蛋打散备用。

② 锅中倒少量油，烧热，煸香葱花、姜末，放入银鱼，煸炒至银鱼变白（见图❶），捞出银鱼放入打散的鸡蛋液中，撒上剩下的葱花，加少许盐搅拌均匀（见图❷）。

③ 锅中倒少量油，烧热，倒入鸡蛋液，转动平底锅，使鸡蛋液均匀铺在锅底（见图❸），待鸡蛋液凝固后，再将两面煎至微黄即可出锅（见图❹）。

柔软透明的我，不用去骨去刺，宝贝就能安心吃。

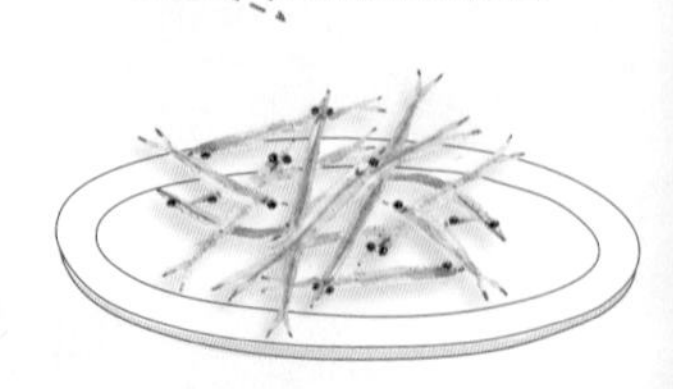

看到这么漂亮的蛋饼，"小馋猫"吃饭也变得斯文起来。小小的银鱼放到蛋饼中，完美隐藏，除了优质蛋白质、钙，它还含有丰富的不饱和脂肪酸呢。

西蓝花可不是花

虾仁西蓝花

开饭啦　距离上桌：10分钟　口味：清淡

食材与调料

西蓝花100克，虾仁50克，红甜椒1个，鸡蛋清适量

姜片、蚝油、植物油各适量

开始做饭吧

① 虾仁洗净，去除虾线，加入鸡蛋清调匀；西蓝花洗净掰成小朵；红甜椒洗净切片。

② 锅中倒少量油，烧热，煸香姜片（见图❶），倒入西蓝花朵、红甜椒片翻炒均匀（见图❷），倒入裹好鸡蛋清的虾仁（见图❸），调入蚝油，炒匀即可（见图❹）。

我这翠绿的裙子可都是由维生素C编织而成的。

一份虾仁西蓝花、一份粥或米饭，可以是早餐、中餐，也可以是晚餐，这多变的虾精灵，真是人气满满啊！有了蚝油，味道已经够鲜香了，就不用放盐了。

很下饭的鱼“精灵”

豆豉鱿鱼

开饭啦 距离上桌：15分钟 口味：香、脆

食材与调料

鱿鱼肉1段，青椒、红甜椒各半个

豆豉酱、葱段、姜片、蒜片、植物油、盐各适量

开始做饭吧

① 鱿鱼肉处理干净，内层切花刀，切片；青椒、红甜椒各洗净，切片（见图❶）。

② 鱿鱼片入沸水锅，焯烫至变白卷起后（见图❷），捞出沥干。

③ 锅中倒少量油，烧热，煸香葱段、姜片、蒜片（见图❸），加入豆豉酱翻炒均匀（见图❹），放入青、红甜椒片、鱿鱼片（见图❺），大火翻炒变色，加少许盐调味即可（见图❻）。

有人叫我“多脚小怪兽”，但我的蛋白质含量可多了。

鱿鱼买回家，处理干净，用豆豉酱和大火一伺候，味道棒极了！比在外面吃得更安心。爆炒鱿鱼，清脆有嚼劲，还没炒好，小家伙已经直咽口水了。

这是彩色的"棒棒糖"吗

彩椒三文鱼串

开饭啦　距离上桌：30分钟　口味：嫩、鲜

食材与调料

三文鱼150克，青椒、黄甜椒、红甜椒各半个

柠檬汁、黑胡椒粉、蜂蜜、盐、橄榄油各适量

开始做饭吧

① 三文鱼用凉开水冲洗干净，擦干水，切块；青椒和红、黄甜椒切片。

② 三文鱼加柠檬汁、少许盐、蜂蜜腌制15分钟。

③ 用竹签将三文鱼、青椒片和甜椒片依次间隔着串好。

④ 锅中倒少量油，烧热，放入三文鱼串，煎炸至三文鱼变色，撒上黑胡椒粉即可。

营养美味，这样搭配

彩虹牛肉软米饭：彩虹一样的三文鱼串当然要搭配像彩虹一样的饭，这么鲜艳的颜色，不怕宝贝不喜欢，有鱼有肉，蛋白质满满。

营养素

蛋白质
碳水化合物
胡萝卜素

刚出锅的串串，还“滋啦滋啦”地冒着热气，左一口，右一口，宝贝这下吃得可过瘾啦，但为了安全，还是去掉竹签吹凉后再吃吧。要注意的是，1岁以前的宝贝是不能吃蜂蜜的哦。

亲子共读

认识好吃的海鲜

海底世界好美妙，有美人鱼、有小丑鱼，还有什么呢？还有好多美味的鱼虾呢！因为很多宝贝会对海鲜过敏，所以，在宝贝2岁之前，一些鱼虾是不能吃的，另外爸爸妈妈在给宝贝挑选海鲜时，一定要挑选新鲜、干净的。

黄鱼

顾名思义，黄鱼表面的颜色是微微的金黄色，它不但颜色好看，更含有好多种氨基酸，矿物质和维生素含量也很丰富呢。

三文鱼

粉红色的肉，吃起来很鲜美，很有弹性，而且蛋白质含量丰富，可以提高宝贝的免疫力，帮助宝贝抵挡那些“坏坏”的病菌。

虾

虾作为餐桌上的常客，宝贝肯定很熟悉了。虾中蛋白质和钙的含量很丰富，对宝贝骨骼和牙齿的生长很有帮助。

扇贝

扇贝不仅肉质鲜美，它的壳还能给宝贝做风铃，它美丽的贝壳下藏了很多蛋白质和维生素E，宝贝赶快把它们找出来。

鱿鱼

宝贝知道吗？鱿鱼没有骨头也没有刺，还有好多“胡须”。胖胖滑滑的它含有很多蛋白质和钙，吃起来很细嫩。

螃蟹

大爪子，爬呀爬，“走”得比较慢的螃蟹，味道却是很鲜美的，特别是在秋天，胖乎乎的螃蟹含有的蛋白质和钙都很丰富哦。

海参

长得有点像毛毛虫，软软的、身上还带“刺儿”，但营养价值可是真不少，和蔬菜搭配做成汤，直接做成粥都很美味。

牡蛎

它还有一个名字叫生蚝，别看它的表面坑坑洼洼的，蛋白质、矿物质、维生素一点也不少。

亲子互动

1. 宝贝，除了上面的鱼虾、螃蟹、贝类，我们还吃过哪些海鲜？一起来数数吧！
2. 爸爸妈妈，我最爱吃（　　　），快告诉我，它能带给我什么营养呢？

让宝贝
爱上吃饭

抓住你，百变鸡蛋君

好像我房间里的小风铃

蛤蜊蒸蛋

开饭啦 距离上桌：15分钟 口味：鲜、滑

食材与调料

鸡蛋1个，蛤蜊50克

料酒、盐、芝麻油各适量

开始做饭吧

① 蛤蜊提前一晚放淡盐水中吐沙（见图❶）。

② 蛤蜊清洗干净，放入锅中，加1碗水和少许料酒炖煮至开口（见图❷），捞出蛤蜊沥水，蛤蜊汤留用。

③ 鸡蛋打散，加适量蛤蜊汤、少许盐打匀，淋入芝麻油，加入开口蛤蜊（见图❸），盖上保鲜膜，上凉水蒸锅大火蒸15分钟即可（见图❹）。

我不仅是"天下第一鲜"，还可以帮助宝贝提高免疫力。

好胃口，身体棒

宝贝，你看这张着嘴嗷嗷待哺的蛤蜊，像不像馋嘴的你。滑嫩的蛋液包裹着鲜嫩的蛤蜊，安安静静，这样的鸡蛋君好温柔呢，只用舌尖轻轻一顶，蒸蛋连同蛤蜊肉一起下肚。

番茄厚蛋烧

开饭啦　距离上桌：10分钟　口味：蛋香浓郁

食材与调料

鸡蛋2个，番茄1个

盐、植物油各适量

开始做饭吧

① 番茄洗净，去皮，切碎；鸡蛋打散，加少许盐打成鸡蛋液备用（见图❶）。

② 将番茄碎与鸡蛋液混合，搅拌均匀（见图❷）。

③ 锅中倒少量油，烧热，将鸡蛋液均匀地铺一层在锅底，固定后卷起（见图❸），再倒入一层蛋液，凝固后往回卷（见图❹），重复上述工作至蛋饼卷好。

④ 将卷好的蛋饼再煎片刻，盛出切段装盘即可。

除了番茄红素，我圆滚滚的身体还是各类维生素的宝库。

遇到潇洒的鸡蛋君，就连身经百战的番茄也羞红了脸，躲进厚蛋烧里，这可便宜了一直观看的“小馋猫”，刚出锅的厚蛋烧还冒着热气，就忍不住伸出小手去捞，用小嘴“呼呼”几下，就开吃了。

鸡蛋君变成了“太阳”

吐司煎蛋

开饭啦　距离上桌：10分钟　口味：嫩嫩的，带着麦香

食材与调料

吐司1片，鸡蛋1个，香肠1小段

盐、白胡椒粉、植物油各适量

开始做饭吧

① 借助工具在吐司表面挖一个洞；香肠切丁（见图❶）。

② 平底锅抹油，小火加热，放入吐司（见图❷），鸡蛋磕入吐司中，撒上香肠丁（见图❸）。

③ 煎至鸡蛋凝固，撒上少许盐、白胡椒粉即可（见图❹）。

躺在吐司上，就像躺在软绵绵的云朵里。早上有我的陪伴，变活力宝贝。

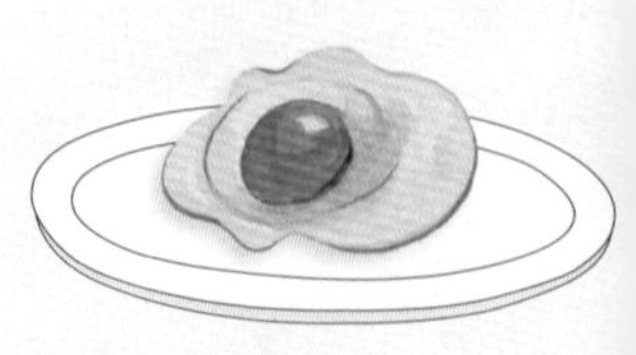

一大早，看到这金灿灿的"太阳"，还没睡醒的宝贝立马来了好精神，必定会先戳破蛋黄。简单又不失营养的早餐，美好的一天开始啦。对了，做这溏心"太阳蛋"时，要选用可生食鸡蛋哟。

鸡蛋哥哥怎么变小了

鹌鹑蛋烧肉

开饭啦　距离上桌：20分钟　口味：焦焦的，有肉香

食材与调料

鹌鹑蛋10个，猪瘦肉200克

酱油、白糖、盐、植物油各适量

开始做饭吧

① 猪瘦肉汆水5分钟后洗净（见图❶），切块；鹌鹑蛋煮熟剥壳，入油锅略炸至金黄（见图❷），控油、捞出备用。

② 再起油锅，将猪瘦肉块炒至变色，加少许酱油、白糖、盐调味（见图❸），加水没过猪瘦肉块，待汤汁烧至一半时（见图❹），加入鹌鹑蛋。

③ 烧至汤汁收浓后（见图❺），出锅装盘即可。

我虽然小，但是也要先嚼嚼，被卡着会很危险的。

焦黄的鹌鹑蛋也有宝贝的功劳，壳是他剥的呢，能趁机训练宝贝手做精细动作的能力，这下他可有的炫耀了。鹌鹑蛋虽然个头不大，但是它含有的B族维生素比鸡蛋还多呢。

台式蛋饼

开饭啦　**距离上桌：**15分钟　**口味：**软、嫩

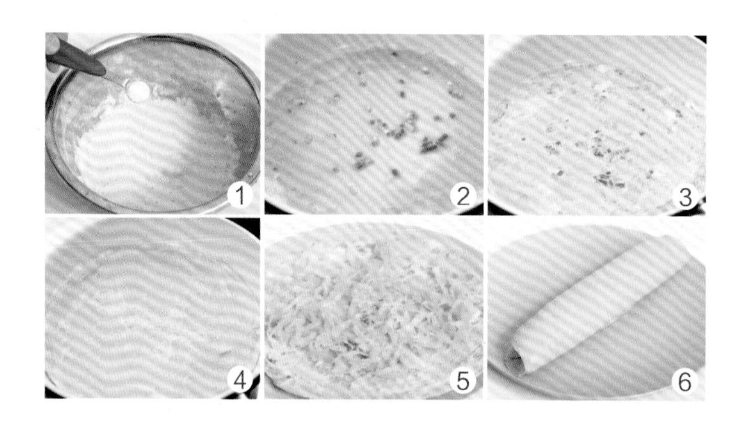

食材与调料

鸡蛋1个，圆白菜、面粉各80克

葱花、盐、植物油各适量

开始做饭吧

① 面粉加少许盐和水混合成面糊（见图❶）；鸡蛋打散，加入葱花和少许盐，搅拌均匀；圆白菜放入滚水中焯至断生，捞出沥干，切细丝。

② 锅中倒少量油，烧热，倒入鸡蛋液（见图❷），待鸡蛋液变色，倒入面糊（见图❸）；待面糊凝固后翻面继续煎至面饼微黄（见图❹）。

③ 盛出铺上圆白菜丝（见图❺），卷成卷（见图❻），切成小段即可。

圆圆笨笨的我，身体中的维生素C可丰富了。

把蔬菜卷进面饼，吃起来清脆爽口，而且有了面饼的“掩饰”，就算不爱吃蔬菜的宝贝也发现不了。看到宝贝这么爱吃，爸爸少睡会儿懒觉也太值了。

数一数总共有几种丝呀

时蔬拌蛋丝

开饭啦　距离上桌：15分钟　口味：香香又鲜鲜的

食材与调料

鸡蛋2个，香菇3朵，胡萝卜半根

干淀粉、料酒、醋、生抽、白糖、盐、芝麻油、植物油各适量

开始做饭吧

① 香菇洗净，切丝，焯熟（见图❶）后盛出沥水；胡萝卜洗净，去皮，切丝，入油锅煸炒（见图❷），盛出备用。

② 将盐、醋、生抽、白糖、芝麻油调成料汁；干淀粉加入少许料酒调匀；鸡蛋加少许盐打散，倒入料酒淀粉汁。

③ 锅中倒少量油，烧热，倒入鸡蛋液（见图❸），摊成饼，盛出切丝。

④ 鸡蛋丝、胡萝卜丝、香菇丝放入大碗中，再淋上料汁（见图❹）拌匀装盘即可。

我身体中有和我一样名字的营养素——胡萝卜素。

鸡蛋丝、香菇丝、胡萝卜丝纠缠在一起，已经分不清彼此，只能一起撅起来，都吃到了才满足。食材丰富加上鲜亮的颜色，一下就吸引宝贝的眼球，大口大口吃不停。

挖一勺，肉末连着蛋

肉末蒸蛋

开饭啦　距离上桌：20分钟　口味：鲜嫩、润滑

食材与调料

鸡蛋1个，猪肉（三成肥七成瘦）50克

水淀粉、盐、葱花、生抽、植物油各适量

开始做饭吧

① 将鸡蛋打散，放入少许盐和适量水搅匀；猪肉洗净剁成末（见图❶）。

② 将鸡蛋液放入蒸锅中蒸煮（见图❷）。

③ 锅中倒少量油，烧热，放入猪肉末（见图❸），炒至松散出油，加入葱花、生抽及水（见图❹），用水淀粉勾芡后，浇在蒸好的鸡蛋上即可。

这么丝滑，宝贝喜欢“温柔”的我吗？

宝贝最爱吃的蒸蛋，看似简单，实际是最考验人的，一不小心就全是“蜂窝”，蒸蛋时用中小火，盖子下面夹一根筷子，锅内气温就不会太高，蛋面不容易有“蜂窝”。

有了咸蛋，粒粒饱满

咸蛋黄烩饭

开饭啦　距离上桌：10分钟　口味：香中带咸

食材与调料

米饭100克，咸蛋黄半个，胡萝卜、鲜香菇、蒜苗各适量

葱花、植物油各适量

一不小心“吃”多了盐的我，就变成了咸蛋君了。

开始做饭吧

① 米饭打散；咸蛋黄压成泥；胡萝卜洗净，切丁；鲜香菇洗净，切丁；蒜苗洗净，去根切末（见图❶）。

② 锅中倒少量油，烧热，煸香葱花，放入咸蛋黄泥翻炒出香味（见图❷），加入胡萝卜丁、香菇丁、蒜苗末翻炒均匀（见图❸），加入米饭炒至饭粒松散即可（见图❹）。

青青的蒜苗、橙黄的胡萝卜，粒粒饱满的米饭，唯独不见咸蛋君的踪影，舀一勺，嚼一嚼，原来它在这里呀。就算是最简单的炒饭，只要花点小心思，宝贝就能吃到不一样的“惊喜”。

嫩嫩的，有玉米香

鸡蛋玉米羹

开饭啦　距离上桌：10分钟　口味：清爽

食材与调料

鸡胸脯肉100克，玉米粒50克，鸡蛋1个

盐适量

开始做饭吧

① 鸡胸脯肉洗净，切丁；鸡蛋打成蛋液备用。

② 把玉米粒、鸡肉丁放入锅内，加入适量水，大火煮开，撇去浮沫后，煮熟。

③ 将鸡蛋液沿着锅边倒入，一边倒入一边慢慢搅动；煮熟后加少许盐调味即可。

营养美味，这样搭配

鳗鱼饭：柔嫩少刺的鳗鱼最适合宝贝吃，香喷喷的米饭上浇一些鳗鱼汁，加上脆脆的海苔丝，完美！对了，还得配上这碗鸡蛋玉米羹呀。

营养素

蛋白质
碳水化合物
碘

这里我做的是咸的，如果宝贝喜欢甜的，可以直接把盐换成糖。穿着“金缕衣”的玉米可藏着宝贝呢，维生素E、B族维生素、膳食纤维……都藏在金黄的玉米粒里。

亲子共读

有多少种蛋

宝贝知道吗？除了鸡蛋君，还有很多种蛋，鸭蛋君、鹅蛋君……它们都长一样吗？别急，看了你就知道。

鸡蛋

是我们最常见也最常吃的鸡蛋了，鸡蛋的壳偏黄色或白色，蒸鸡蛋、煮鸡蛋、炒鸡蛋……百变花样，宝贝统统都爱吃。

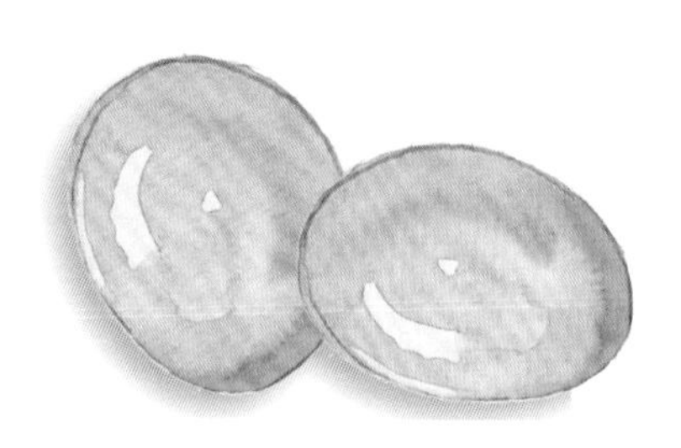

鸭蛋

鸭蛋的壳泛着淡淡的青色，吃起来比鸡蛋还要细腻些呢，宝贝要尝尝，看看你能不能分辨出它们的味道究竟有什么不同。

鹅蛋

个头比鸡蛋和鸭蛋都要大一些，但细细品味，口感可能不如鸡蛋和鸭蛋那样细腻。

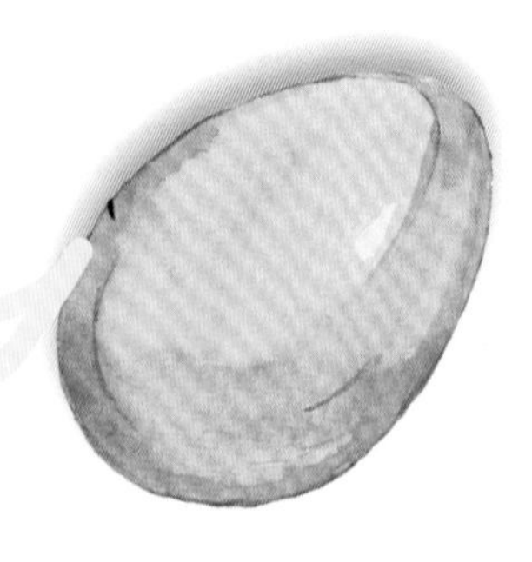

鹌鹑蛋

小小的身子上不知道被谁画上一些小斑点，好可爱呀。虽然鹌鹑蛋的个头比较小，但营养价值可不比鸡蛋低。

鸽子蛋

它和鹌鹑蛋一样是小个子“蛋君”，但是光滑的蛋壳上看不到那些褐色的小斑点。

咸鸭蛋

咸鸭蛋虽然是鸭蛋做的，但是口感完全不同，流油的蛋黄，细滑的蛋白，宝贝可能不怎么爱吃鸭蛋，但却抵抗不了咸鸭蛋香香的诱惑。

亲子互动

1. 家庭演讲大赛开始啦，宝贝，我们来说说自己见过或者吃过哪些蛋？它们的味道有什么不同吗？看看谁说得最好。

2. 拿起画笔，画一画你认识的蛋。

让宝贝
爱上吃饭

和“大力水手”一起吃蔬菜

抓到一头想偷吃的奶牛

口水杏鲍菇

开饭啦　距离上桌：10分钟　口味：香嫩、多汁

食材与调料

杏鲍菇1根，蒜4瓣，小葱2棵，黄甜椒1个

芝麻酱、白芝麻、生抽、盐、芝麻油各适量

开始做饭吧

① 杏鲍菇洗净，切片（见图❶）；小葱洗净，切葱花；蒜剥皮洗净，切末；黄甜椒洗净去籽、去白膜，切碎备用。

② 锅中放水烧开，倒入杏鲍菇片焯熟，捞出沥水（见图❷）。

③ 芝麻酱放少许凉开水、生抽、少许盐搅拌均匀成调料。

④ 将烫熟的杏鲍菇片放入一个大碗中，倒入拌好的调料，加入黄甜椒碎、葱花、蒜末（见图❸），拌匀，撒上白芝麻、淋上芝麻油即可装盘。

宝贝，让我来保护你吧，我能帮你打退病菌。

本不平庸的杏鲍菇怎能用平凡的做法？凉拌吧！宝贝肯定会喜欢缀着的白芝麻，被香浓芝麻酱簇拥着鲜脆的杏鲍菇片，促进消化、增强免疫力，专治宝贝吃饭没食欲。

咦，菜花“穿”上了红衣裳

茄汁菜花

开饭啦　距离上桌：10分钟　口味：酸酸甜甜

食材与调料

菜花1朵，番茄1个

蒜片、盐、植物油各适量

开始做饭吧

① 番茄洗净，去皮切块；菜花洗净，掰成小朵（见图❶），将菜花朵入沸水断生（见图❷）。

② 锅中倒少量油，烧热，煸香蒜片，加入番茄块炒出汁（见图❸），放入菜花朵翻炒（见图❹），大火收汁，加少许盐调味即可。

哈哈，我要把白裙子染成暖暖橙红色！

红红的番茄爱热闹，非要让小伙伴也穿得喜庆一些，这下菜花可跑不掉了。嫌味道不够甜？可以适量放些番茄酱，增加香甜的口感，宝贝还能多吃一碗饭。

西蓝花都被挤到了拐角里

意式蔬菜汤

开饭啦　距离上桌：15分钟　口味：清新

食材与调料

胡萝卜、南瓜、西蓝花、白菜各50克，洋葱1/4个

蒜末、高汤、橄榄油、盐各适量

开始做饭吧

① 胡萝卜、南瓜分别洗净，切小块；西蓝花洗净掰成小朵；白菜、洋葱各洗净，切碎（见图❶）。

② 锅内放少许橄榄油，中火加热，放洋葱碎翻炒至变软（见图❷）。

③ 放入蒜末和所有蔬菜（见图❸），翻炒2分钟，再倒入高汤（见图❹），烧开后转小火炖煮10分钟，加少许盐调味即可（见图❺）。

我和南瓜兄弟的肤色相似，也都含有丰富的胡萝卜素啦。

鲜艳的颜色，宝贝也很喜欢，都不知道先吃哪样了，胡萝卜素、维生素、膳食纤维……这些营养素一勺可装不下哟。看到这么漂亮的汤，宝贝也变得“端庄”起来，拿着勺子小口小口慢慢喝。

软烂烂，黄灿灿

南瓜土豆泥

开饭啦　距离上桌：15分钟　口味：丝滑、软烂

食材与调料

土豆1个，南瓜150克

白糖适量

开始做饭吧

① 土豆、南瓜分别去皮，洗净切成片（见图❶）。

② 将土豆片、南瓜片放到蒸锅中（见图❷），隔水蒸熟。

③ 将蒸好的土豆片、南瓜片放到一个大碗中（见图❸），加少许白糖，压成泥即可（见图❹）。

黄灿灿的我，不仅能变成白雪公主的南瓜车，还能让宝贝变得更美丽呢。

橙黄的泥糊糊吃起来毫无压力，牛奶也可以派上用场了，煮熟后放一点牛奶搅拌，是温热的"奶昔"了。南瓜中富含胡萝卜素，可以帮助宝贝保护视力。

小清新，大满足

炒三脆

开饭啦　距离上桌：10分钟　口味：清新、爽脆

食材与调料

西蓝花1小朵，胡萝卜1根，干银耳1朵

生姜2片，盐、水淀粉、芝麻油、植物油各适量

开始做饭吧

① 干银耳泡发，剪去老根，择小朵；胡萝卜洗净，切小丁；西蓝花洗净掰小朵（见图❶），放入沸水焯烫后（见图❷），捞出沥干。

② 锅中倒少量油，烧热，煸香姜片，放入银耳朵煸炒，再放入西蓝花朵、胡萝卜丁翻炒片刻（见图❸）。

③ 调入水淀粉、少许盐，翻炒均匀后，再淋少许芝麻油（见图❹）即可。

温水中的我，开出“花儿”来了，吃起来也很脆呢。

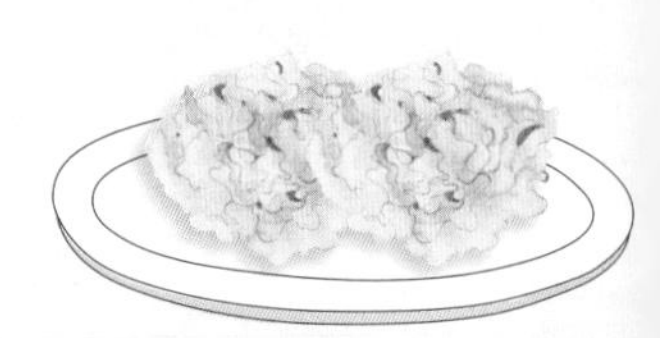

西蓝花怕银耳抢了自己的风头，想用自己的身体压住，银耳也不罢休，怎么也要让宝贝吃到，不然，满身的胶原蛋白、碳水化合物不是白白浪费了吗。

不能用手抓，用勺子吧

松仁玉米

开饭啦　距离上桌：10分钟　口味：清甜带点咸

食材与调料

鲜玉米粒、豌豆各30克，胡萝卜半根，松子5克

盐、植物油各适量

开始做饭吧

① 松子去壳；鲜玉米粒、豌豆分别洗净（见图❶）；胡萝卜洗净，切丁。

② 锅中倒少量油，烧热，下松仁翻炒片刻（见图❷），取出冷却。

③ 加鲜玉米粒、豌豆、胡萝卜丁翻炒（见图❸），出锅前加少许盐调味，撒上熟松仁（见图❹）炒匀即可。

可爱的我，蛋白质真的很丰富，宝贝也最爱粉粉的我。

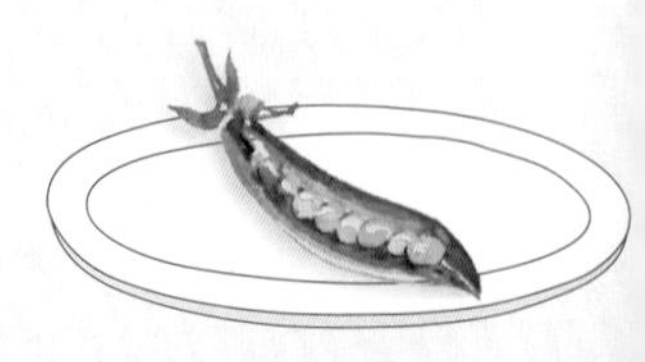

香香的松子，植物油拌炒的彩色蔬菜粒，黄、绿、橙……油润又清新。当然，宝贝吃的时候别贪心，一口一口，多嚼几下哦！

切出"花儿"来的南瓜

南瓜蒸肉

开饭啦 距离上桌：2.5小时 口味：肉带着南瓜香

食材与调料

猪肉100克，小南瓜2个，小葱2棵

生抽、甜面酱、白糖各适量

开始做饭吧

① 小南瓜洗净，在瓜蒂处开一个小盖子，挖出瓜瓤（见图❶）。

② 小葱洗净，切成葱花备用；将生抽、甜面酱、白糖拌匀成酱料。

③ 猪肉洗净切片，放入葱花、酱料（见图❷）拌匀，装入小南瓜中（见图❸），盖上南瓜盖子。

④ 蒸锅中加适量的水，将装好的小南瓜一同放入蒸锅中（见图❹）盖上锅盖，隔水蒸2小时取出即可。

等宝贝学会"开盖"咒语，我就把肉肉还给你。

小南瓜个头不大，味道却是清甜无比，塞满肉的肚肚里，宝贝怎么也看不出这奥秘，打开盖子给宝贝一个大大的惊喜，连着皮带着"瓤"，挖上大大的一勺，肉不腻，瓜更甜。

先给荷兰豆洗个"开水澡"

荷兰豆炒鸡柳

开饭啦　距离上桌：20分钟　口味：清爽、丝甜

食材与调料

荷兰豆100克，胡萝卜1/4根，鸡胸肉100克，鸡蛋清1个

干淀粉、姜片、盐、植物油各适量

开始做饭吧

① 荷兰豆择洗干净，胡萝卜去皮切片，分别入沸水断生（见图❶）；鸡胸肉洗净，切条，加鸡蛋清、干淀粉腌制15分钟。

② 锅中倒少量油，烧热，煸香姜片，加入鸡胸肉条翻炒至变色（见图❷）。

③ 放入荷兰豆、胡萝卜片翻炒均匀（见图❸），加少许盐调味即可（见图❹）。

虽然我看起来扁扁的，像是"营养不良"，但我的蛋白质不比其他豆豆少。

好胃口，身体棒
还没有上桌，眼尖的小家伙就盯上了荷兰豆，青青脆脆的，这才是夏天的餐桌。荷兰豆中富含胡萝卜素、维生素C、碳水化合物，有助于保护宝贝视力，提高免疫力。

山药炒番茄

开饭啦 距离上桌：15分钟 口味：酸甜、清脆

食材与调料

山药1根，番茄1个，小葱1棵

盐、植物油各适量

开始做饭吧

① 小葱洗净切葱花；番茄洗净，去皮切块；山药去皮洗净，切片。

② 锅中倒少量油，烧热，放入葱花煸香（见图❶），再放入番茄块、山药片（见图❷）。

③ 待番茄块炒出汁后，加少许盐调味（见图❸），炒匀后即可（见图❹）。

我和番茄兄终于凑到一起，这是维生素家族的小聚会啊。

山药和番茄都是最常见的蔬菜，但是组合在一起，却擦出惊喜的火花。山药脆脆的，沾了番茄的酸甜，宝贝像吃糖一样，先舔一舔，再咬一口扯出长丝，好有趣！

鲜蘑炒豌豆

开饭啦　**距离上桌**：10分钟　**口味**：鲜鲜的，面面的

食材与调料

口蘑100克，豌豆150克

高汤、盐、水淀粉、植物油各适量

好不容易夹一个，叽里咕噜滚下去，宝贝，你的筷功还需要练练哦。

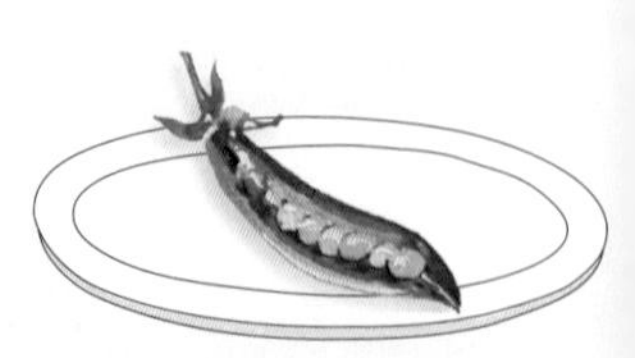

开始做饭吧

① 口蘑洗净，切成小丁；豌豆洗净。

② 锅中倒少量油，烧热，放入口蘑丁和豌豆翻炒（见图❶），加适量高汤（见图❷）。

③ 用水淀粉勾芡，加少许盐调味（见图❸），待烧开收汁即可（见图❹）。

豌豆要煮稍久些才能绵软。宝贝看到这青绿可爱的豌豆，真想用手去摸。它一定是“偷吃了”很多蛋白质和碳水化合物，才长得这样圆润，趁着豌豆正嫩，变着花样为宝贝多做两顿。

爸爸不要和我抢甜甜的南瓜哟

南瓜紫菜鸡蛋汤

开饭啦 距离上桌：15分钟 口味：清爽

食材与调料

南瓜100克，鸡蛋1个，紫菜适量

盐、芝麻油各适量

开始做饭吧

① 南瓜洗净后，切块（见图❶）；紫菜泡发后洗净；鸡蛋打入碗内搅匀。

② 将南瓜块放入沸水锅内，煮熟（见图❷）。

③ 放入紫菜，煮10 分钟（见图❸），倒入鸡蛋液后慢慢搅散（见图❹），出锅前放少许盐，淋少许芝麻油即可。

不小心，就被削成片，投进这清清白白的汤里。

饭和汤永远是最经典的搭档，紫菜鸡蛋汤太普通，那就给它们加个搭档，多个蔬菜，多份营养，宝贝更健康。香浓的味道是爱，清清白白也是爱，只要用心，宝贝就不会嫌弃。

这碗"森林"把鸟儿都吸引过来了

双色菜花

开饭啦　距离上桌：10分钟　口味：清脆

食材与调料

菜花、西蓝花各150克

蒜蓉、盐、水淀粉、植物油各适量

开始做饭吧

① 将菜花、西蓝花分别洗净，掰小朵。

② 菜花朵与西蓝花朵在开水中焯烫一下，捞出备用。

③ 锅中倒少量油，烧热，加入焯烫过的菜花朵与西蓝花朵翻炒，加蒜蓉、少许盐调味。

④ 用水淀粉勾薄芡即可。

营养美味，这样搭配

土豆烧鸡块：餐桌上有肉有蔬菜，才是完整的营养餐。菜花负责"输送"维生素，鸡肉就提供"蛋白质"，加上口感粉粉的土豆，给宝贝满满的能量。

营养素

蛋白质
维生素C

这对"绿白小冤家"终于碰了头，不但没打没闹，反而相处得很融洽，一会儿我给你整整绿色的裙，一会儿你给我理理白色的衣，瞧，宝贝还没开始吃，这对"姐妹花"就彼此捧起了场。

哇，这油亮亮的绿是不是森林的颜色？

蒜蓉空心菜

开饭啦 距离上桌：10分钟 口味：清脆有蒜香

食材与调料

空心菜100克

蒜3瓣、盐、芝麻油、植物油各适量

开始做饭吧

① 空心菜洗净，茎和叶分开放；蒜瓣洗净切成蓉。

② 锅中倒少量油，烧热，放入蒜蓉炒香。

③ 放入空心菜茎，煸炒变软，再放入空心菜叶煸炒。

③ 出锅前加少许盐，淋少许芝麻油调味炒匀即可。

营养美味，这样搭配

滑蛋虾仁：维生素有了，再来一盘钙含量丰富的虾仁吧。配合滑蛋一起，鲜嫩爽滑，满嘴的鸡蛋香，下一口就能吃到有嚼劲的虾仁了。

营养素

钙
卵磷脂
蛋白质

平时最爱盯着肉的小家伙，遇到青菜居然也两眼放光啦！吃完就奖励一个香吻。空心菜叶子吃起来嫩滑，茎却清脆，它不仅有大量的纤维素、维生素C，胡萝卜素含量也很丰富。

亲子共读

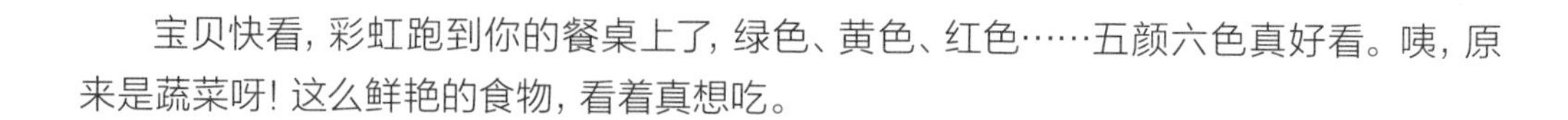

五颜六色的蔬菜

宝贝快看，彩虹跑到你的餐桌上了，绿色、黄色、红色……五颜六色真好看。咦，原来是蔬菜呀！这么鲜艳的食物，看着真想吃。

绿色

绿油油的蔬菜看着像是森林的颜色，黄瓜、空心菜、西蓝花、菠菜……原来绿色蔬菜家族中有这么多成员呀。

红色

番茄是红色蔬菜的代表，一个个番茄像小红灯笼挂枝头，摘下一个，凉拌、煮汤、炒菜，都不在话下，其中的番茄红素、维生素含量也很丰富。

紫色

说到紫色的蔬菜，第一个想到的是茄子，软软的，而且紫色的茄子还含有丰富的维生素P，可以提高宝贝的抵抗力。

白色

满身洞洞的莲藕，胖胖的白萝卜都是白色的蔬菜，莲藕中含有丰富的蛋白质和维生素C，滋润解渴，很适合在干燥的秋季吃。萝卜中含有丰富的维生素C，而且吃起来还带有淡淡的甜味，清爽的口感，宝贝肯定会喜欢。

橙色

胖墩墩的南瓜，还有小兔子爱吃的胡萝卜都是橙色食物，它们不但颜色好看，而且胡萝卜素、维生素C的含量都很丰富呢。

黄色

黄甜椒、蒜黄都属于黄色的蔬菜。黄色的蔬菜不会像绿色蔬菜那样常见，但也是五颜六色蔬菜中必不可少的一员，它们的胡萝卜素含量也很丰富。

亲子互动

带着宝贝一起去菜场，教他认识不同的蔬菜，了解以后，让宝贝“点单”选蔬菜，这样宝贝吃饭会更香哦。

Part 7

小豆豆，真好吃

清清爽爽，好滋润

绿豆南瓜粥

开饭啦 距离上桌：40分钟 口味：软、糯

食材与调料

粳米30克，绿豆20克，南瓜100克

开始做饭吧

① 南瓜洗净，切块（见图❶）；将粳米、绿豆淘洗干净。

② 将粳米、绿豆放入砂锅中，加适量水（见图❷），用小火煮至七成熟。

③ 放入南瓜块（见图❸），待南瓜块熟透后即可食用（见图❹）。

我长着青壳的绿颜色，炎热夏天，看着我就觉得心情舒畅吧？

南瓜丁有自然的鲜甜口感，倔强的绿豆经过熬煮，笑开了花，口感粉粉糯糯的，宝贝不用费力嚼。夏天，烧一锅这样软烂的粥，晾凉后端给宝贝，这下，冰激凌都被比下去了。

海带脆脆的，正好磨磨牙

黄豆凉拌海带丝

开饭啦　距离上桌：15分钟　口味：香喷喷的，很清爽

食材与调料

海带75克，黄豆20克，胡萝卜半根

白芝麻、芝麻油、盐各适量

开始做饭吧

① 海带、胡萝卜分别洗净，切丝（见图❶）；泡发黄豆（见图❷）。

② 将泡好的黄豆和胡萝卜丝、海带丝一起放入水中（见图❸）煮熟后，捞出沥干水分。

③ 将海带丝、胡萝卜丝和黄豆放入盆中，调入芝麻油和少许盐拌匀（见图❹），撒上白芝麻即可。

豆豆虽好吃，可不能贪嘴哟，不然小肚子胀胀的会很难受。

外表朴实的黄豆，所含的营养可真不少呢，蛋白质、不饱和脂肪酸、碳水化合物……加上海带中的碘，能让宝贝变得更聪明。两手齐开工，不怕夹不住这圆滚滚的豆豆。

被"压扁"的豆豆

香脆煎扁豆

开饭啦 距离上桌：15分钟 口味：脆、香

食材与调料

扁豆200克

葱花、姜末、盐、高汤、植物油各适量

开始做饭吧

① 扁豆撕去筋，洗净，切菱形块备用（见图❶）。

② 锅中倒少量油，烧热，加扁豆块炒至断生（见图❷），盛出，沥干油。

③ 锅洗净，再放少量油，加热，煸香葱花、姜末（见图❸），扁豆块回锅（见图❹），加少许盐、高汤（见图❺），大火快炒至高汤收汁（见图❻），盛出装盘即可。

外表皱皱的我，吃起来可清脆啦。

用少许盐，就能逼出扁豆最纯正的美味，别看皮皱巴巴的，吃起来却很焦香，咬得再深一些，又是别样的鲜脆了，一种食材多种口感，很快就征服了宝贝的挑剔小嘴。

咬一口，还喷汁呢，小心烫哦

家常豆腐

开饭啦 距离上桌：20分钟 口味：汤汁饱满

食材与调料

油豆腐150克，猪瘦肉片、春笋片、豌豆、虾仁、香菇各30克

葱段、生抽、水淀粉、植物油各适量

开始做饭吧

① 油豆腐对半切开；猪瘦肉片、春笋片、豌豆、虾仁分别洗净；香菇洗净，切片。

② 锅中倒少量油，烧热，放葱段煸香（见图❶），下豌豆、春笋片、猪瘦肉片、香菇片翻炒（见图❷），再加入虾仁、油豆腐炒匀（见图❸），加适量水，煮至食材全熟（见图❹）。

③ 加少许生抽调味炒制，再用水淀粉勾薄芡即可（见图❺）。

左三圈，右三圈，跟着我一起做肠胃的运动。

喝饱汤汁的油豆腐，依然外焦里嫩，咬一口，喷出鲜鲜的汤汁，还有点烫呢，宝贝吃的时候一定要注意。春笋、香菇、虾仁、猪肉片更是锦上添花，提鲜的同时，还能给宝贝补充蛋白质和钙。

豆皮炒肉丝

开饭啦　距离上桌：15分钟　口味：鲜香、有嚼劲

食材与调料

豆皮80克，猪肉50克，青椒2个

葱花、姜末、生抽、醋、白糖、干淀粉、植物油各适量

开始做饭吧

① 猪肉洗净切丝，放碗中，加葱花、姜末、生抽和干淀粉抓匀，腌制片刻；豆皮、青椒分别洗净，切丝（见图❶）。

② 锅中倒少量油，烧热，放入猪肉丝翻炒（见图❷），变色后盛出备用。

③ 再起油锅，煸香葱花（见图❸），放入青椒丝和豆皮丝翻炒片刻（见图❹），放入猪肉丝，加少许醋，继续翻炒（见图❺）。

④ 最后调入少许生抽和白糖翻炒均匀即可（见图❻）。

有了我这一点绿，宝贝吃不出豆豆和肉的腥。

豆豆压扁成豆皮，可是豆香却更浓了，缀上青椒丝儿，别说有多美。一筷子能夹起好多根，看我厉害不厉害！加上鲜嫩的猪肉丝，宝贝已经分不清吃的是肉还是豆皮了。

香煎豆渣饼

开饭啦　距离上桌：15分钟　口味：香酥可口

食材与调料

青菜2棵，面粉、豆渣各100克

盐、植物油各适量

开始做饭吧

① 青菜洗净（见图❶），沥干水，切碎备用。

② 将青菜碎、豆渣、面粉倒入一个大碗里（见图❷），加适量水、少许盐搅拌均匀成面糊。

③ 油锅烧热，手上沾少许水，将面糊团成一个个小圆饼，放入油锅中（见图❸）。

④ 将豆渣饼煎至两面金黄即可（见图❹）。

满满的蛋白质和膳食纤维，可以一颗一颗数着吃。

好胃口，身体棒

刚打好豆浆，滤出的豆渣怎能倒掉呢？做成饼，"小馋猫"又多了一种美味。面不要和得太稀，不然很难成型。豆浆香浓，豆渣饼酥脆，一餐吃两块就差不多啦，吃多了不容易消化呦。

米老鼠也想吃豆豆

双味毛豆

开饭啦 距离上桌：15分钟 口味：清爽

食材与调料

毛豆200克，柠檬1个

白芝麻、盐、黑胡椒粉各适量

开始做饭吧

① 毛豆洗净，放入锅中，加足量水煮3分钟，捞出过凉。

② 炒熟白芝麻，研磨成碎末成调味料1；用擦丝机擦取柠檬表面黄皮，加黑胡椒粉和少许盐拌匀成调味料2。

③ 毛豆分两份，分别撒上调味料1和调味料2拌匀即可。

营养美味，这样搭配

奶酪鸡翅：顽皮的豆豆太难夹了，这个鸡翅就用手拿着吃吧，浓郁奶香，宝贝怎么抵抗得了，加上不同口味的豆豆，植物蛋白、动物蛋白都有了。

营养素

蛋白质
钙
矿物质

好胃口，身体棒

宝贝亲手剥的豆豆，怎么能只做一种味道，一份香的，一份咸的，给宝贝双重美味。宝贝也会很有成就感，自己剥的豆豆原来有这么多味道啊，吃得更欢快啦。

亲子共读

豆豆总动员

豆豆怎么这么不听话，筷子都夹不住它，但顽皮的豆豆们可给宝贝提供了很优质的蛋白质、钙和碳水化合物呢，快看，它们都跑到餐桌上了，来看看都有谁吧!

黄豆

“幼年”时的它是绿色的，就是我们经常吃的毛豆，长大了的毛豆会变成黄色，通常用来做豆浆、豆腐等一些豆制食品，所以它会以不同的面貌出现在宝贝的餐桌上。

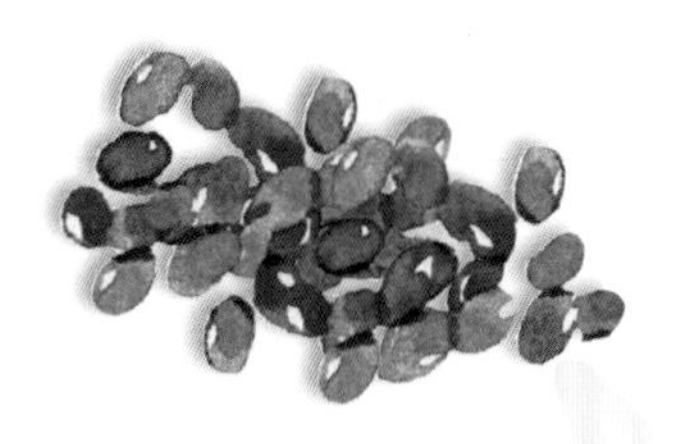

红豆

红豆可以用来煲粥，也可以用来做馅，做出宝贝最爱的糕点。补钙补铁长个子，而且还那么好吃!

绿豆

夏天一到，绿豆就成了爸爸手里的必备食材。绿豆汤、绿豆沙，还能做成绿豆小冰棍。但绿豆可不仅仅是夏天的专宠呢，绿豆磨成粉可以做成爽滑劲道的绿豆粉，宝贝一吃，“吸溜吸溜”不想停。

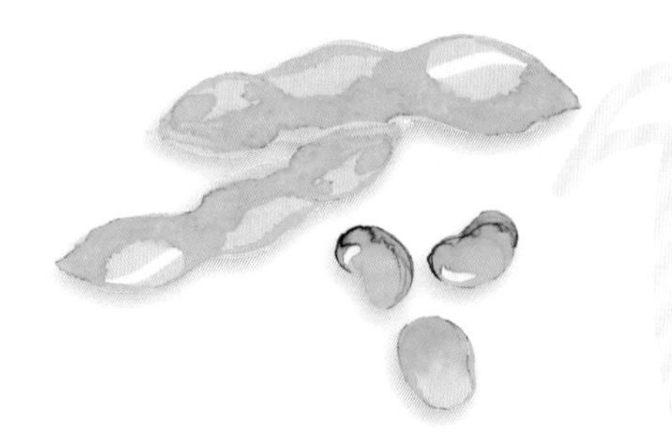

蚕豆

嫩嫩的蚕豆可以用来炒菜或煮汤，长大了的蚕豆常被人们用来制作小吃，磨成粉制作成糕点，连蚕豆花都可以用来做成美食。

豇豆

它还有另外一个名字——豆角，夏天，奶奶院子里豆角满架，采摘一把，清炒、烩肉、凉拌，汁水丰富，味道都很不错呢！

黑豆

皮肤黑黑的黑豆，营养价值一点也不少，爸爸最爱用它来打黑豆浆了，早晨用黑豆浆配面包吃，能长高长壮哦！

亲子互动

1. 这么多豆子，长得还那么相似，宝贝能认出（　　　）种？我们来比赛，看谁认得快。

2. 爸爸妈妈在给宝贝吃豆子时，一定要弄碎了再给宝贝吃，或者监督宝贝，一定要嚼碎了再咽，以免被卡着。

让宝贝
爱上吃饭

Part 8

哇，我是吃饭小能手

哗啦啦，爸爸变出一盘“彩虹”

彩虹炒饭

开饭啦　距离上桌：10分钟　口味：香香糯糯的

食材与调料

米饭80克，鸡蛋1个，火腿30克，黄瓜、青豆、虾仁各50克

葱花、盐、植物油各适量

开始做饭吧

① 米饭打散；鸡蛋加少许盐打散；黄瓜洗净，与火腿分别切成丁；青豆洗净；虾仁洗净，去虾线。

② 锅中倒少量油，烧热，倒入鸡蛋液，炒成块（见图❶），盛出备用。

③ 锅洗净后倒少量油，烧热，煸香葱花（见图❷），放入火腿丁、青豆、虾仁翻炒出味（见图❸），加入米饭、鸡蛋块、黄瓜丁翻炒开（见图❹），加少许盐翻炒均匀即可（见图❺）。

清脆爽口的我，汁水可丰富了，而且无论是生吃还是炒熟，都会有清香。

七分菜，三分饭，每一口都有虾仁，自己炒饭就是这么任性。家里有什么就放什么，颜色鲜艳，食材又丰富，最受宝贝的欢迎。只这一碗炒饭，宝贝一餐所需的营养就够了。

饺子掉进"颜料罐"了吗?

多彩饺子

开饭啦　距离上桌：30分钟　口味：鲜鲜的，还有蔬菜香

食材与调料

胡萝卜2根，菠菜1把，猪肉末100克，干香菇5朵，鸡蛋1个，面粉、白菜各适量

盐、姜末、葱花、生抽、植物油各适量

开始做饭吧

① 干香菇泡发、洗净，切成丁；白菜洗净，沥干水后，切碎；胡萝卜洗净，切成块；菠菜洗净沥干水备用。

② 将胡萝卜、菠菜分别放进榨汁机，榨成汁（见图❶），面粉分成两份，分别倒入胡萝卜汁、菠菜汁揉成面团醒20分钟（见图❷）。

③ 将猪肉末放入大碗中，打入鸡蛋顺时针方向搅拌上劲，放入香菇丁、白菜碎、少许盐、植物油、葱花、姜末、少许生抽，搅拌均匀成猪肉馅（见图❸）。

④ 分别将胡萝卜汁面团、菠菜汁面团分成小剂（见图❹），擀成面皮（见图❺），包入猪肉馅（见图❻），煮熟装盘即可。

金灿灿的我和翠绿的菠菜兄，正好凑个"金玉满堂"。

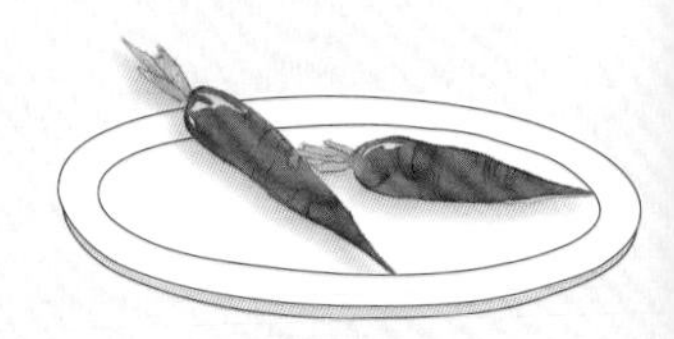

好胃口，身体棒
宝贝不爱吃蔬菜？胡萝卜、菠菜榨汁做成饺子皮，宝贝就吃进了好多蔬菜。菠菜含铁、胡萝卜中有大量的胡萝卜素，加上猪肉的蛋白质、白菜的维生素，能给宝贝提供充足营养。

五彩玉米羹是不是有五种颜色呢

五彩玉米羹

开饭啦　距离上桌：15分钟　口味：甜甜的、有嚼头

食材与调料

玉米粒50克，鸡蛋1个，豌豆、枸杞子、青豆各适量

冰糖、水淀粉各适量

开始做饭吧

① 将玉米粒洗净；鸡蛋打散；豌豆、枸杞子分别洗净备用。

② 将玉米粒放入锅中，加水煮至熟烂（见图❶），放入豌豆、枸杞子、青豆、少许冰糖，煮5 分钟（见图❷），加水淀粉勾芡，使汤汁变浓（见图❸）。

③ 淋入鸡蛋液，轻轻搅拌成蛋花（见图❹），烧开即可。

身披“黄金甲”，戴“流苏帽”，维生素E和蛋白质也不能少。

可以是主食、也可作为甜汤，宝贝每舀一勺都有小惊喜。玉米的清甜，豌豆、青豆的绵软成就了这一碗羹汤，只加了点冰糖，保留食材最原始的味道，正适合我的小宝贝。

有“紫菜怪”藏在饼里面

紫菜鸡蛋饼

开饭啦　距离上桌：10分钟　口味：软绵、鲜香

食材与调料

鸡蛋1个，紫菜8~10克，面粉适量

盐、植物油各适量

开始做饭吧

① 鸡蛋磕入碗中，搅匀；紫菜洗净，撕碎，用水浸泡片刻（见图❶）。

② 鸡蛋液中加入面粉、紫菜、少许盐一起搅匀成面糊（见图❷）。

③ 锅中倒少量油，烧热，将面糊倒入锅中（见图❸），小火煎成圆饼（见图❹）。

④ 圆饼出锅后切块即可。

紫菜好淘气，把我画成“花脸猫”，不过有了它，我的味道更丰富了。

紫菜和鸡蛋，做成饼也一样美味，软软的饼中夹杂着爽滑筋道的紫菜，给宝贝另外一种惊喜。紫菜中富含蛋白质、碘、铁、硒……给宝贝补充能量的同时，也提供很多微量元素。

南瓜调味饭

开饭啦 距离上桌：20分钟 口味：香、糯

食材与调料

南瓜100克，米饭1碗，鸡蛋1个

盐、植物油各适量

开始做饭吧

① 鸡蛋加少许盐打散（见图❶）；南瓜洗净，切丁备用（见图❷）。

② 锅中倒少量油，烧热，放入南瓜丁煎至南瓜丁呈金黄色，加少许水，打入鸡蛋液（见图❸）。

③ 煮至南瓜丁变软，加少许盐调味（见图❹），炒匀后盛出装盒即可。

我这大大的肚子里装了很多胡萝卜素，可"撑坏"我了。

好胃口，身体棒

绵软的南瓜，还带着鸡蛋香，不用嚼，用舌头稍稍压一下就“化”了，作为一个小吃货，怎么会拒绝好看又好吃的东西。宝贝真是聪明，开动之前先把米饭和南瓜拌一拌，一口就吃进两种美味了。

大口咬，里面藏着小秘密

杂粮水果饭团

开饭啦　距离上桌：35分钟　口味：香香糯糯有点甜

食材与调料

香蕉1根，火龙果1个，紫米、红豆、糙米各30克

开始做饭吧

① 紫米、红豆、糙米各洗净，放入电饭锅中煮熟成杂粮饭（见图❶）；香蕉、火龙果各剥皮切成小块备用（见图❷）。

② 将煮好的杂粮饭平铺在手心，放入香蕉块、火龙果块（见图❸），捏成饭团（见图❹），放到便当盒中即可。

我心里藏着小秘密，耳朵靠过来，这就告诉你。

适量吃些杂粮，身体会更健康。甜软的香蕉、火龙果带来的小惊喜，能让宝贝多吃一个，而且粗粮和香蕉可以促进肠胃消化，看到这圆滚滚的饭团，宝贝忍不住伸出了小手。

皮薄馅多，有料才是硬道理

牛肉蒸饺

开饭啦　距离上桌：35分钟　口味：鲜香有嚼劲

食材与调料

牛肉末200克，饺子皮适量

盐、酱油、芝麻油、葱花、姜末各适量

开始做饭吧

① 牛肉末加少许盐、酱油、芝麻油、葱花、姜末搅拌均匀（见图❶）。

② 将牛肉馅包入饺子皮（见图❷），做成饺子（见图❸）。

③ 饺子上锅蒸熟即可（见图❹）。

光看没用，咬破饺子皮才知道我有多鲜美。

好胃口，身体棒
用牛肉做馅，脂肪少、蛋白质多，不过比较难熟，关火后不要马上揭盖。用余温多闷两分钟，保证饺子熟透。蒸出来的饺子外皮会更筋道，咬破外皮，吮一口鲜鲜的汤汁，满满的肉馅好满足。

西蓝花牛肉意面

开饭啦 距离上桌：15分钟 口味：有嚼劲，有肉香

食材与调料

通心粉、西蓝花各100克，牛肉70克

柠檬半个，盐、橄榄油各适量

开始做饭吧

① 西蓝花洗净，掰小朵；牛肉洗净切碎，用少许盐腌制片刻。

② 锅中倒少量油，烧热，放入腌好的牛肉碎（见图❶），翻炒至深褐色（见图❷）。

③ 另起一锅，加水烧开，放入通心粉（见图❸），快煮熟时放入西蓝花朵（见图❹），全部煮好后捞出沥干。

③ 将煮熟的通心粉和西蓝花朵盛入盘中，撒上牛肉碎，淋上少许橄榄油，挤上适量柠檬汁即可。

"只闻清香不见人"，对的，就是我啦！意面会因我变得神奇！

好胃口，身体棒
普通面条吃够了，来碗漂洋过海的"面条"吧，放些时蔬，再来点牛肉才算完美。筋道的面条，香软的牛肉，不仅嘴过了瘾，还有满满的蛋白质和充足的维生素C来保卫宝贝的身体呢！

又弹又劲道呀

宝贝版阳春面

开饭啦 距离上桌：15分钟 口味：筋道又鲜香

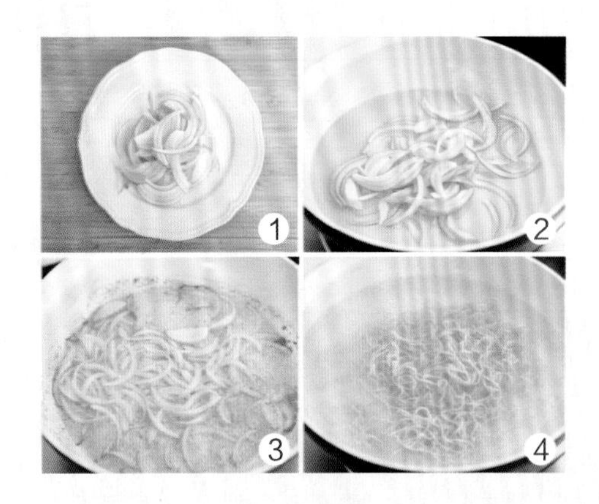

食材与调料

面条100克，洋葱1/4个

葱花、蒜末、盐、高汤、猪油各适量

开始做饭吧

① 高汤烧开保温；洋葱去外皮，洗净切片（见图❶）。

② 取1勺猪油在锅中熔化，放入洋葱片（见图❷），用小火煸出香味，变色后捞出，盛出洋葱油（见图❸）。

③ 在盛面的碗中放入1勺洋葱油，放入少许盐。

④ 将面条放入沸水中煮熟（见图❹），挑入碗中，加入高汤，撒上葱花、蒜末即可。

作为这碗面的灵魂，没有了我，这碗面就会变得很普通。

取洋葱的味，猪油的香，看着很素净的一碗面，可是下了真功夫，味道更是天然清新。洋葱特殊的味道能刺激宝贝的食欲，可以把洋葱油装到罐子里放入冰箱，下次再吃阳春面就省事多了。

吃前拌一拌

牛肉卤面

开饭啦 距离上桌：20分钟 口味：卤香浓郁

食材与调料

挂面60克，牛肉50克，胡萝卜半根，红甜椒1个

老抽、水淀粉、盐、芝麻油、植物油各适量

开始做饭吧

① 将牛肉、胡萝卜、红甜椒分别洗净，切小丁（见图❶）。

② 挂面煮熟，过凉水后盛入汤碗中。

③ 锅中倒少量油，烧热，放牛肉丁煸炒（见图❷），再放胡萝卜丁、红甜椒丁翻炒至熟（见图❸），加入少许老抽、盐、水淀粉烧开，待汤汁浓稠后（见图❹），浇在面条上，最后再淋几滴芝麻油即可。

虽然占着辣椒的名，但我的味道是甜甜的，还穿着漂亮的红袄子。

这是我家宝贝最爱吃的面，每次还没等我动手，他都自己拿着筷子先拌拌，等香浓的汤汁沾满每一根面条，就可以开吃了。有肉、蔬菜和主食，营养、花样一碗面全搞定，宝贝爱吃还省事。

舀一勺，拉出长长的丝儿

芝士炖饭

开饭啦　距离上桌：35分钟　口味：芝士香浓

食材与调料

米饭1碗，番茄1个，芝士2片

盐、橄榄油各适量

开始做饭吧

① 芝士切碎；番茄洗净切块，用橄榄油拌匀，放入160℃的烤箱内烘烤30 分钟。

② 米饭蒸热，放入芝士碎、番茄块，再调入少许盐，继续蒸，待芝士碎完全融化后，加入少许橄榄油，拌匀即可。

营养美味，这样搭配

芦笋鸡丝汤：选用油脂较少的鸡肉来给宝贝做汤，搭配芦笋，不用放鸡精，都已经够鲜了，跟芝士搭饭一配，奶香加肉香，实在好满足。

营养素

蛋白质
膳食纤维
碳水化合物

有时为了满足小馋猫，不得不放大招，两片芝士，再放些家中的蔬果。宝贝对于这个“量身打造”的饭很是感兴趣，先拉出长长的丝，再放到嘴里，吃着吃着，一碗饭就吃个底朝天。

亲子共读

种子里的秘密

宝贝，我们平时吃的蔬菜、水果、粮食很多都是由种子长出来的，从播种到开花再到结果，种子就从“小朋友”长成了“大人”，但宝贝，你知道吗？种子不仅长大后能变成好吃的食物，它们本身也很好吃呢！

花生

“年轻”的花生叫嫩花生，夏年到田间拔一把，剥一颗嫩嫩的花生，甜甜脆脆的。“老年”时期的花生会比较硬，泡开了，就可以用来做宝贝最喜欢的粥或豆浆了。

莲子

年轻时的它是脆脆的莲藕，咬在嘴里“咔嚓咔嚓”响，长大了就开出了花，结出莲子了。

玉米

嫩玉米不长“胡子”，剥开绿衣，吃起来甜甜的，用来煲汤、炒菜、水煮都很美味。老了的玉米，“胡子”长得老长，连“衣服”都变成了黄色，剥开它，做成玉米面，可以做成宝贝爱吃的馒头。

南瓜

绿绿的南瓜年纪小，用来炒菜或凉调；金黄的南瓜长大了，在宝贝的梦里，它甜甜糯糯的，煮粥也很美味哟。

大蒜

大蒜可爱变身了，它能长成蒜苗、蒜黄和蒜薹，从年轻的蒜苗或蒜黄用来炒鸡蛋，到中年的蒜薹，再到老年期的蒜瓣，一生都在为我们的餐单做“贡献”呢。

豌豆

刚刚“出生”的豌豆苗，嫩嫩的，清炒宝贝最喜欢。再长大一些，变成了可爱的豌豆，是不是用筷子很难“捉住”它。长大后的它，磨成粉，又会变成那香喷喷的糕点。

亲子互动

准备一个小盆、一些土和几头大蒜，和爸爸妈妈一起把它种下，看看神奇的种子是怎么变化的吧！

Part 9

宝贝点，爸爸做

周一套餐

鲜蔬+菌菇

早餐

香菇鸡汤面

食材与调料

细面条150克，鸡胸肉80克，青菜1棵，鲜香菇2朵

鸡汤、盐各适量

开始做饭吧

① 鸡胸肉洗净，切片，入锅中加少许盐，煮熟盛出。

② 青菜洗净，入开水锅焯烫后切断；鲜香菇洗净入油锅略煎；鸡汤烧开，加少许盐调味。

③ 煮熟的面条盛入碗中，鸡胸脯肉摆在面条上，淋上热鸡汤，再点缀上青菜和煎好的香菇即可。

中餐

圆白菜牛奶羹

食材与调料

圆白菜半个，菠菜1棵，牛奶150毫升

面粉、黄油块、盐各适量

开始做饭吧

① 将菠菜和圆白菜分别洗净，切碎焯熟。

② 黄油块放入锅中，待熔化后放面粉翻炒均匀，加牛奶、菠菜碎、圆白菜碎同煮。

③ 当牛奶煮沸后放少许盐调味即可。

晚餐

炒菜花

食材与调料

菜花200克，胡萝卜半根

高汤、盐、葱丝、姜丝、芝麻油、植物油各适量

开始做饭吧

① 菜花洗净，掰小朵，焯一下；胡萝卜洗净，切片。

② 锅中倒少量油，烧热，煸香葱丝、姜丝，放菜花朵、胡萝卜片翻炒，加少许盐调味，再加高汤烧开；小火煮5 分钟后，淋少许芝麻油即可。

蔬果+鱼虾

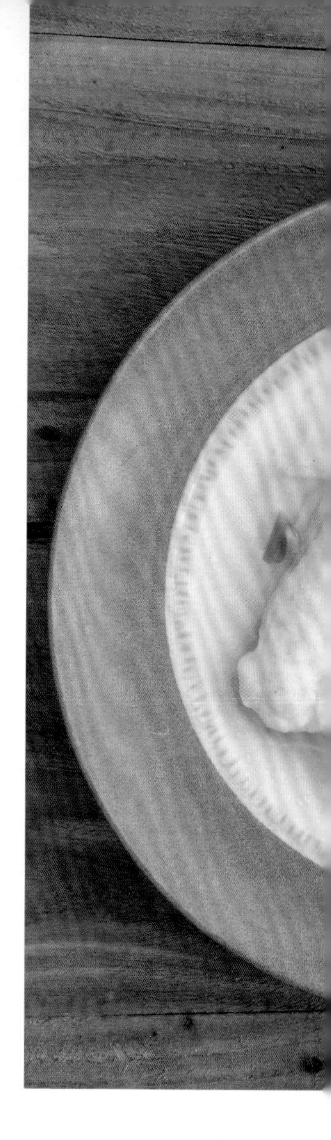

早餐

水果酸奶全麦吐司

食材与调料

全麦吐司2片，酸奶1杯，草莓、哈密瓜、猕猴桃各适量

蜂蜜适量

开始做饭吧

① 将全麦吐司切成方丁。

② 所有水果洗净，去皮，切成丁。

③ 将酸奶倒入碗中，调入蜂蜜，再加入全麦吐司丁、水果丁搅拌均匀。

中餐

蒸龙利鱼柳

食材与调料

龙利鱼1块

盐、料酒、葱花、姜丝、豆豉、植物油各适量

开始做饭吧

① 龙利鱼提前一晚放入冷藏解冻，制作前用少许盐、料酒、葱花、姜丝腌制15 分钟，入蒸锅，大火蒸6 分钟，取出备用。

② 锅中倒少量油，烧热，煸香葱花，加入豆豉翻炒，淋在蒸好的龙利鱼上即可。

晚餐

椒盐玉米

食材与调料

鲜玉米粒半碗，鸡蛋清1个

干淀粉、椒盐、植物油各适量

开始做饭吧

① 鲜玉米粒中加鸡蛋清搅匀，再加干淀粉搅拌。

② 锅中倒少量油，烧热，把玉米粒倒进去，过半分钟之后再搅拌，炒至玉米粒呈金黄色。

③ 盛出玉米粒，把椒盐撒在玉米粒上，搅拌均匀即可。

周三套餐

肉蛋+蔬菜

早餐

时蔬蛋饼

食材与调料

鸡蛋1个，胡萝卜、四季豆各50克、鲜香菇2朵

盐、植物油各适量。

开始做饭吧

① 四季豆择洗干净，入沸水焯熟，沥干水分剁碎；胡萝卜洗净去皮，剁碎；鲜香菇洗净，剁碎。

② 鸡蛋打入碗中，加入胡萝卜碎、香菇碎、四季豆碎、少许盐，打匀。

③ 锅中倒少量油，烧热，倒入鸡蛋液，在半熟状态下卷起，再煎熟，切成小段即可。

中餐

香煎三文鱼

食材与调料

三文鱼250克

葱花、姜末、盐、植物油各适量

开始做饭吧

① 三文鱼处理干净，用葱花、姜末、少许盐腌制。

② 平底锅烧热，倒入少许油，放入腌入味的三文鱼，两面煎熟即可。

晚餐

鱼香茭白

食材与调料

茭白4根

醋、水淀粉、生抽、姜丝、葱花、植物油各适量

开始做饭吧

① 茭白去外皮，洗净，切块；醋、水淀粉、生抽、姜丝、葱花调和成鱼香汁。

② 锅中倒少量油，烧热，下茭白炒至表面微微焦黄，捞出沥油。

③ 油锅留少许油，下茭白、鱼香汁翻炒均匀，收汁即可。

周四套餐

面点+杂蔬

早餐

番茄菠菜鸡蛋面

食材与调料

番茄、菠菜各50克，切面100克，鸡蛋1个

盐、植物油各适量

开始做饭吧

① 鸡蛋打匀成鸡蛋液；菠菜洗净，焯水后切段；番茄洗净，切块。

② 锅中倒少量油，烧热，放入番茄块煸出汤汁，加水烧沸，放入面条，煮熟。

③ 将蛋液、菠菜段放入锅内，用大火再次煮开，出锅时加少许盐调味即可。

中餐

酱牛肉

食材与调料

牛腱肉300克

小葱1根，姜1块，生抽、白糖、盐各适量

开始做饭吧

① 牛腱肉洗净，切大块，放入开水中略煮一下捞出，用冷水浸泡一会儿；小葱洗净切段；姜洗净切片。

② 锅洗净，将葱段、姜片、牛腱肉块一起放入锅中，加适量水和生抽、白糖、少许盐，煮开后用小火炖至熟透后，捞出，待牛肉块冷却后切片。

晚餐

香菇炒茭白

食材与调料

茭白300克，鲜香菇3朵

盐、植物油各适量

开始做饭吧

① 茭白洗净，切片；鲜香菇洗净，去蒂，切片。

② 锅中倒少量油，烧热，加茭白片、香菇片一同翻炒。

③ 加入少许盐调味，炒至食材全熟时即可起锅。

周五套餐

香粥+时蔬

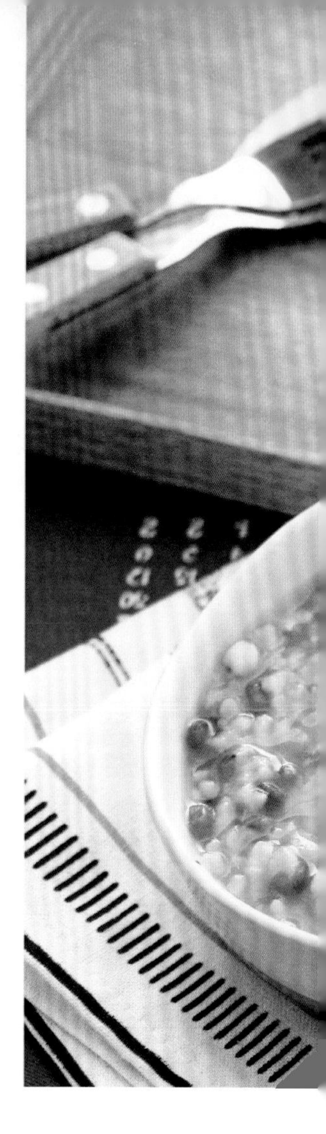

早餐

绿豆薏米粥

食材与调料

绿豆、薏米、粳米各30克，红枣4颗

开始做饭吧

① 薏米、绿豆洗净，用水浸泡；粳米洗净；红枣洗净，去核。

② 将绿豆、薏米、粳米、红枣放入锅中，加适量水，煮至豆烂米熟即可。

中餐

木耳炒山药

食材与调料

山药200克，黑木耳5克，青椒、红甜椒各适量

葱花、蒜蓉、蚝油、植物油各适量

开始做饭吧

① 山药去皮，洗净，切片，用开水烫一下备用；青椒、红甜椒分别洗净，切片；黑木耳用温水泡发，洗净。

② 锅中倒少量油，烧热，加葱花、蒜蓉煸炒几下，加山药片、青椒片、红甜椒片翻炒。

③ 加入黑木耳继续翻炒，加蚝油调味。

晚餐

核桃乌鸡汤

食材与调料

乌鸡半只，核桃仁4颗

枸杞子、葱段、姜片、料酒、盐各适量

开始做饭吧

① 乌鸡洗净切块，入水煮沸，去浮沫。

② 加核桃仁、枸杞子、料酒、葱段、姜片同煮。

③ 水再开后转小火，炖至肉烂，加少许盐调味即可。

周六套餐

鲜蔬+杂粮

早餐

玉米红豆粥

食材与调料

绿豆、粳米各20克，薏米、玉米碎各10克、红枣2枚

开始做饭吧

① 薏米、绿豆、玉米碎洗净，用水浸泡；粳米洗净；红枣洗净，去核。

② 将绿豆、薏米、粳米、红枣、玉米碎放入锅中，加适量水，煮至豆烂米熟即可。

中餐

番茄炖牛腩

食材与调料

牛腩150克，番茄、土豆各1个，洋葱半个

姜片、葱花、蒜片、生抽、冰糖、盐、植物油各适量

开始做饭吧

① 牛腩洗净，切块；土豆去皮，切块；番茄洗净，去皮，切块；洋葱去皮、洗净切丁。

② 锅中倒少量油，烧热，土豆煎至两面变色，捞出备用。

③ 煸香姜片、洋葱丁、葱花、蒜片，放牛腩块翻炒至变色，放入番茄块、生抽、冰糖，加水没过牛腩块，炖煮1小时。

④ 土豆块入锅，炖煮15分钟，加少许盐调味，收汤即可。

晚餐

薯角拌甜豆

食材与调料

土豆3个，荷兰豆100克，芦笋3根

蒜末、盐、醋、白糖、橄榄油各适量

开始做饭吧

① 土豆洗净，切小块放入烤盘，加少许盐、橄榄油，放入预热到200℃的烤箱中层，烤30~40分钟。

② 荷兰豆洗净，入沸水锅焯熟；芦笋洗净，切段，焯熟；蒜末、少许盐、醋、白糖和橄榄油混合搅拌，至盐和白糖溶化，制成调料汁。

③ 土豆块、荷兰豆和芦笋段放入盘中，淋上调料汁即可。

周日套餐

茄果+菌菇

早餐

红豆黑米粥

食材与调料

红豆、黑米各50克，粳米20克

开始做饭吧

① 红豆、黑米、粳米分别洗净，提前用水泡2小时。

② 将浸泡好的红豆、黑米、粳米放入锅中，加入足量水，用大火煮开。

③ 转小火煮至红豆开花，黑米、粳米熟透即可。

中餐

杏鲍菇炒猪肉

食材与调料

猪里脊肉75克，杏鲍菇1个，黄瓜半根，鸡蛋清1个

盐、白糖、酱油、植物油各适量

开始做饭吧

① 杏鲍菇洗净切片，用开水焯一下；猪里脊肉洗净切片，用盐、白糖和蛋清腌一会；黄瓜洗净，切片。

② 锅中倒少量油，烧热，倒入猪里脊肉片炒至颜色变白，倒入少许酱油，放入黄瓜片翻炒片刻。

② 将杏鲍菇片入锅一起翻炒均匀，加少许盐调味即可。

晚餐

番茄烧茄子

食材与调料

茄子2根，番茄2个，青椒1个

姜末、蒜末、盐、白糖、生抽、植物油各适量

开始做饭吧

① 茄子、番茄分别洗净，切块；青椒洗净，切片。

② 锅中倒少量油，烧热，放入姜末、蒜末煸香，再放茄子块煸炒至茄子变软，盛出。

③ 另起油锅，烧热，放入番茄块翻炒，放入少许盐、白糖、生抽，再倒入茄子块、青椒片继续煸炒，直至番茄出汁即可。

附录

宝贝成长必需营养素

碳水化合物	宝贝维持生命活动所需能量的主要来源，维持大脑正常功能的必需营养素
脂肪	三大产能营养素之一，可供给能量，并可提供必需脂肪酸和促进脂溶性维生素吸收
蛋白质	一切生命的物质基础，是机体细胞的重要组成部分
乳清蛋白	维持宝贝体内抗氧化剂的水平，刺激宝贝免疫系统，是一种非常好的增强免疫力的蛋白
DHA	维持神经系统、细胞生长的一种主要元素，是大脑和视网膜的重要构成成分
α-亚麻酸	α-亚麻酸及其代谢物EPA、DHA约占人脑重量的10%，宝贝缺乏α-亚麻酸，就会严重影响其智力和视力的正常发育
牛磺酸	可以提高学习记忆速度，提高学习记忆的准确性
ARA	宝贝发育必需的营养素，可促进宝贝大脑发育，提高宝贝智力水平
亚油酸	宝贝必需的但又不能在体内自行合成的不饱和脂肪酸，它可促进血液循环，促进新陈代谢
卵磷脂	生命的基础物质，可以促进大脑神经系统与脑容积的增长、发育，有效增强记忆力
维生素A	对视力、上皮组织及骨骼的发育和宝贝的生长都是必需的

维生素C	可以促进骨胶原的生物合成，促进牙齿和骨骼的生长，提高宝贝的免疫力
B族维生素	维生素B_1对神经组织和精神状态有良好的影响，维生素B_2能促进生长发育，保护眼睛和皮肤的健康，维生素B_{12}可防止贫血，维生素B_6可防止皮炎。B族维生素对宝贝的神经细胞与脑细胞发育，提高智力均有促进作用
维生素D	维生素D的主要功能是调节体内钙、磷代谢，从而维持宝贝牙齿和骨骼的正常生长和发育
硒	可以提高红细胞的携氧能力，供给大脑更多的氧，有利于大脑的发育
碘	合成甲状腺激素的重要原料，如果缺乏，首当其冲地就是对神经系统与智力发育的影响，导致不同程度的智力损害
钙	形成骨骼和牙齿的主要成分，人体中钙含量的99%都在其中，它支撑着宝贝的生命
铁	合成血红蛋白的主要原料之一，血红蛋白可以输送氧到各个组织器官，并把组织代谢中产生的二氧化碳运输到肺部排出体外
锌	在核酸代谢和蛋白质合成中起重要作用，它是促进宝贝生长发育和食欲的重要元素

图书在版编目（CIP）数据

让宝贝爱上吃饭 / 膳叔编著 . -- 南京 : 江苏凤凰科学技术出版社，2017.6
（汉竹 • 亲亲乐读系列）
ISBN 978-7-5537-8131-0

Ⅰ. ①让… Ⅱ. ①膳… Ⅲ. ①儿童 – 保健 – 食谱 Ⅳ. ① TS972.162

中国版本图书馆 CIP 数据核字（2017）第081342号

让宝贝爱上吃饭

编　　著	膳　叔
主　　编	汉　竹
责任编辑	刘玉锋　张晓凤
特邀编辑	徐键萍　苗亚田
责任校对	郝慧华
责任监制	曹叶平　方　晨
出版发行	江苏凤凰科学技术出版社
出版社地址	南京市湖南路 1 号 A 楼，邮编：210009
出版社网址	http://www.pspress.cn
印　　刷	南京精艺印刷有限公司
开　　本	720 mm × 1 000 mm　1/16
印　　张	15
字　　数	90 000
版　　次	2017 年 6 月第 1 版
印　　次	2017 年 6 月第 1 次印刷
标准书号	ISBN 978-7-5537-8131-0
定　　价	39.80 元

图书如有印装质量问题，可向我社出版科调换。